对禾谷镰刀菌具有抑制作用活性物质鉴定和功能验证

冉军舰　史建荣　徐剑宏　著

中国农业出版社

内容简介

小麦赤霉病主要是由禾谷镰刀菌引起的一种对麦类作物危害极大的真菌病害，利用生物防治赤霉病是目前的发展趋势，筛选分离有效防治赤霉病的拮抗菌，研究生物防治菌剂具有良好的开发前景。作者对筛选的拮抗菌进行菌种鉴定，通过温室试验和田间试验测定其拮抗效果，并与化学农药做对比，优化发酵条件，提取拮抗物并测定其生物特性，利用柱层析纯化拮抗物，鉴定结构并作异源表达和功能验证，为开发功能菌剂做出基础研究。

本书可作为高等院校食品安全类、植物保护类专业教师、本科生、研究生以及企业研发人员的专业参考用书。

前　　言

小麦是全球种植面积最大、产量最高的粮食作物，超过 1/3 的世界人口以小麦制品为主食。在中国，小麦仅次于第一大粮食作物水稻，2017 年小麦播种面积 2 410 万公顷，产量 12 920 万吨，是中国半数以上人口的主粮，因此小麦及其制品的质量安全直接关系到中国过半人口的食品安全。小麦赤霉病是小麦生长期易感染的疾病，病原菌主要是禾谷镰刀菌，该菌产生主要毒素脱氧雪腐镰刀菌烯醇，可以干扰核糖体肽基转移酶的活性，阻碍核糖体循环，抑制蛋白质的合成，引起头疼、呕吐、腹泻、中枢神经系统紊乱等症状。2000 年以来，小麦赤霉病爆发频率大幅度增加，对中国长江流域、黄淮流域等重要冬麦产区构成重大危害。目前尚未有单一措施可以彻底解决禾谷镰刀菌毒素的污染难题，传统的物理、化学措施有自身缺陷，生物育种所需周期较长，近年来采用生防菌抑制小麦赤霉病病原菌生长和毒素产生的方法引起专家学者广泛关注，但生防菌抑制效果不稳定，其活性物质产量低、不易分离纯化等难题影响着该项技术的发展。

本书利用小麦根基土壤中筛选到对禾谷镰刀菌有很好抑制作用的拮抗菌进行研究，根据菌落形态、生理生化特点和基因进行菌种鉴定；通过测定不同孢子液浓度、不同培养时间条件下，小麦培养基中拮抗菌对禾谷镰刀菌的抑制作用，发现拮抗菌能持续抑制小麦禾谷镰刀菌生长且效果持久；拮抗菌对 8 株常见植物病原菌均具有一定的抑制效果；通过单因素和响应面试验优化产拮抗物工艺，该菌产生的拮抗物有很好的热稳定性、酸碱稳定性和辐射稳定性；在蛋白酶 K、胃蛋白酶和胰蛋白酶处理后，抑菌活性显著下降；其中 7F1 菌株发酵上清液通过逐步纯化筛选得到一个36ku的蛋白，这种蛋白有很广的拮抗谱，对多种植物病原菌都有拮抗活性。LC-MS分析结果显示，在该蛋白中存在糖基水解酶结构域。通过构建重组载体pET32a（+）/36ku进行原核表达，得到p36ku的重组蛋白，并与7F1产的36ku有相似的拮抗活性；7M1菌株抗生素对小麦赤霉病的温室防治效果与多菌灵可湿粉效果相当，而且热稳定性、酸碱稳定性较好，可被蛋白酶K、胰蛋白酶、胃蛋白酶降解，但是紫外线辐射会降低其抑菌活性；菌株7M1含有*bacAB*、*ituC*、*bamD* 3种基因，通过质谱检测7M1产生的脂肽类抗生素有iturinA和surfactin。

近年来，作者一直从事小麦赤霉病生防菌的研究工作，在公益性行业（农业）科研专项（201303016）、国家自然科学基金面上项目（31471662）、河南科技学院高层次人才启动项目(2015016）的支持下，在黄淮地区、长江中下游地区进行调研，做了大量的研究工作，并进行了总结，在广泛收集近年来相关专家学者的论文和研究成果的基础上编著了本专著，对筛选出的具有良好抑菌作用的生防菌进行了系统的研究，包括菌种鉴定、发酵条件优化、活性物质分离纯化及鉴定、异源表达和功能验证。通过作者及相关研究人员的共同努力，在小麦赤霉病生物防治方面取得了重要研究成果。希望本书的研究内容对小麦及其制品的安全问题起到一定的促进作用。

在试验研究和专著撰写过程中，江苏省农业科学院史建荣研究员、徐剑宏研究员提出了宝贵意见和建议，河南科技学院赵瑞香教授、梁新红副教授和焦凌霞副教授提供了帮助和指导，牛生洋老师、何鸿举老师、朱明明老师在试验过程中提供了帮助，实验室学生们进行了高度配合，河南科技学院食品学院为研究的顺利完成提供了完善的试验平台，在此一并表示感谢。

作　者

2018年3月

目　　录

第一章　小麦赤霉病研究现状与进展

一、小麦赤霉病概述

（一）小麦赤霉病的危害

小麦赤霉病（wheat scab，*Fusarium* head blight，FHB）是由多种镰孢属真菌侵染小麦引起的一种典型的土传加气传病害，是世界温暖潮湿和半潮湿地区小麦的重要病害，会造成小麦大量的减产和品质的降低，危害范围是世界性的，在中国、日本等东南亚地区，以及美国南、北部均有发生[1-2]，并且发生频率逐渐增加，多发生在穗期多雨、气候潮湿的地区并具有周期性流行的特点，根据其发病特点又被称为烂麦头、红麦头、麦穗枯等。随着免耕、秸秆还田种植技术，小麦、玉米轮作的推广，化肥使用量的增加以及小麦品种抗性的丧失，该病的发生逐年加重，是麦田中流行的一种毁灭性病害[3-5]。自 20 世纪 90 年代起，赤霉病给美国农业造成了极大的影响，损失多达 30 亿美元[7]，很少有单个农业病害能带来如此庞大的损失。在我国，赤霉病的波及范围和危害也极大，其中发生频率最高、损失最大的地区是长江中下游地带[8]。小麦赤霉病较为严重的年份可使病穗率达到 50%～100%，致使小麦减产 10%～40%；中度流行的年份病穗率 30%～50%，减产 5%～

15%，可以说，赤霉病已成为部分地区小麦减产的主要病害[9-11]。近年来，小麦赤霉病在华北麦区也逐渐流行，增加趋势明显[12]，发病面积逐步扩大，赤霉病的盛行严重影响着小麦等作物的种植。在我国福建、浙江、上海等省（自治区、直辖市）的部分地区，甚至因赤霉病的影响而选择放弃种植小麦[13]。

（二）小麦赤霉病症状和发生规律

小麦赤霉病病原菌可感染小麦生长的全过程，感染后能引起小麦苗腐、秆腐和穗腐等，其中以穗腐发生最为频繁，危害程度最重。穗腐始于小麦抽穗扬花期，病原菌在这个时期侵入直到灌浆期和乳熟期才表现出来。初期在小穗颖壳上出现水渍状的淡褐色坏死斑，然后渐渐扩大使整个小穗出现症状，发病小穗开始干枯变黄，再感染周边其他小穗。当空气较为潮湿时，小穗基部或颖片有霉层出现，呈粉红色；若空气湿度较低时，则病小穗干枯发白，不产生附着的霉层。赤霉病病原菌侵染穗茎或穗轴时，侵染点慢慢出现褐色，感染部位上部的穗渐渐失水成为白穗。感染后期病部会长出黑色小颗粒（成为子囊壳）。

病菌主要以菌丝体的方式留存，病原菌寄生在麦桩等病株残体上越冬，第二年条件适宜的情况下，菌丝体就开始疯狂生长蔓延，形成小麦赤霉病继续泛滥。小麦赤霉病发生在空气充足、湿度较高的条件下，子囊壳和子囊孢子最易形成，最适宜的温度为24～25℃，发病温度下限为9～10℃，上限为32℃。当条件适宜时，子囊壳在2天左右即可成形，5～10天出现子囊孢子。待子囊孢子逐渐成熟后，差不多也是小麦抽穗前后，子囊孢子随着风雨进行传播，落在正在开花的麦穗上，先腐生于颖内花药上，继而逐渐蔓延到整个花器和小穗，并长成大量的粉红色分生孢子群，这些分生孢子再次扩展到周边小麦，使得病害再次蔓延扩大[24-25]。现有许多研究表明，不同的气象因子如降雨量、空气湿度和温度对小麦抽穗扬花期至灌浆期（3月下旬至4月中旬）的小麦赤霉病的盛行程度的影响不同。在国内外对该病也做了许多的研究[26-31]。

（三）小麦赤霉病病原菌

小麦赤霉病的流行蔓延，多是由一种或几种镰刀菌引发的。引起小麦赤霉病的主要病原菌有禾谷镰孢（*Fusarium graminearum* Schw.）、黄色镰孢（*Fusarium culmorum* Sacc.）、燕麦镰孢［*Fusarium avenaceum*（Fr.）Sacc.］、梨孢镰孢［*Fusarium poae*（Peck）Wollenw］和雪腐镰孢［*Fusarium nivale*（Fr.）Sorauer］5种，不同地区不同年份的病原菌不尽相同，其中大量的最重要的是禾谷镰孢和黄色镰孢[32]。在我国，禾谷镰刀菌是小麦赤霉病的主要病原菌，该病原菌所占比例达到94.5%[33]。

其中禾谷镰刀菌的孢子大小为（3～5）μm×（37.4～62.5）μm，通常有3～5个隔膜，顶端较钝，腹部近平以及顶细胞逐渐变细[34]。分生孢子单个时无色透明，但当多数聚集在一起就成为粉红色；一般不会产生厚垣孢子和小型分生孢子。在PDA上禾谷镰刀菌生长速度较快，所生菌丝聚集呈棉絮状，分布密集，颜色由白色到棕色，基质颜色有红色、黄色、橙色，且在红色中有深有浅。燕麦镰刀菌一般不产生小型孢子，其孢子呈纺锤形和棒形，一般有0～3个隔，在分生孢子座中生长出大型的分生孢子，壁薄瘦长，顶细胞细长，孢子大小（1.5～3.0）μm×（45～55）μm，且在 PDA 培养基上能以较快速度生长，气生菌丝的细丝呈茸状，分布较密，颜色从白色到棕黄色，其 PDA 基质的反面呈白色到黄色。而黄色镰刀菌的大型分生孢子较前两者粗短，且不产生小型分生孢子，分隔明显，孢子壁厚，大小为（5.0～6.5）μm×（30～38）μm。在 PDA 上生长快速，其气生菌丝浓厚密集，通常为白色，基质反面以洋红色为主，最适发育温度为 28℃。

（四）镰刀菌毒素

镰刀菌毒素是由镰刀菌属（*Fusarium* spp.）中多种真菌产生的一类次生代谢产物，在自然界中分布十分广泛，会对食品产生严重污染，还会对人畜的健康造成十分严重的危害。它不但可以引起人和牲畜急、慢性中毒，还具有致癌、畸形、突变等潜在的危害，而且还与某些地方性疾病的发生有着十分紧密的联系。例如，我国林县的食管癌、地方性大骨节病及克山病等，现在专家都在不同程度上怀疑这些疾病发生与当地居民长期食用含有微量镰刀菌毒素的自产粮有关。近年来，镰刀菌毒素对人类健康产生的影响越来越受到人们的关注，目前已将镰刀菌毒素问题同黄曲霉毒素一样，被看做是自然发生的最危险的食品污染物。在我国，随着人们物质生活水平的不断提高，人们对食品卫生安全的要求也不断加强，有关镰刀菌毒素的研究也更加深入。

温和的气候条件适宜镰刀菌菌株的生长，菌株主要产生于大田生长期间。菌株在谷物上适宜的生长温度为 16～24℃，相对湿度为 85％，如在土壤中则分别为 12～24℃和 40％～

60%。玉米、麦类、稻谷、豆类、薯类等作物在适合镰刀菌生长繁殖地区易受到菌株的侵染[24]。在−10℃低温及低水分条件下有一些镰刀菌仍可以生长，因此北温带或寒带地区的农作物以镰刀菌污染为主。我国北方地区种植的大豆、油菜、玉米、小麦等作物都会不同程度地受到镰刀菌的污染，例如，禾谷镰刀菌会引起玉米在收割前产生玉米穗腐病。遭受冰雹灾害后受损的玉米苞叶和未成熟的玉米粒更易感染镰刀菌。按化学结构可将镰刀菌毒素分为以下三大类：单端孢霉烯族化合物、玉米赤霉烯酮和丁烯酸内酯。由禾谷镰刀菌产生的脱氧雪腐镰刀菌烯醇（DON，俗称呕吐毒素）和由玉米赤霉菌、禾谷镰刀菌、三线镰刀菌等所产生的玉米赤霉烯酮（ZEN，俗称 F-2 毒素），这两种镰刀菌毒素对粮食和饲料产生的影响最为严重。

1. 脱氧雪腐镰刀菌烯醇

脱氧雪腐镰刀菌烯醇（Deoxynivalenol，DON），又被称作呕吐毒素（Vomitoxin or Vomitingtoxin，VT），是一种单端孢霉烯族毒素，主要由某些镰刀菌产生。DON 在全球广泛分布，DON 毒素在我国饲料中检出率达 90% 以上，超标率达 17.7%。小麦、大麦、玉米等谷类作物都会受到 DON 毒素的污染[25]，它会大幅度降低被污染的谷物活性及营养成分含量，DON 化学性质非常稳定，一般的蒸煮及食物加工都难以对其毒性产生破坏。近年来一些专家学者研究发现，人类食管癌、IgA 肾病可能与 DON 毒素有关，这会对人类及动物的健康带来危害。此外，脱氧雪腐镰刀菌烯醇还具有很强的细胞毒性和胚胎毒性，已被联合国粮食及农业组织（FAO）和世界卫生组织（WHO）认定为最危险的食品污染物之一，现已列入国际研究的优先地位[26]。

DON毒素是雪腐镰刀菌烯醇的脱氧衍生物，其化学名为3,7,15-三羟基-12,13-环氧单端孢霉-9-烯-8-酮（3,7,15-trihydroxy-12,13-epoxytrichothec-9-en-8-one），是四环的倍半萜。DON分子式为$C_{15}H_{20}O_6$，其相对分子质量为296.3。DON纯品是一种无色针状结晶，熔点为151～153℃。DON易溶于极性溶剂，例如，甲醇、乙醇、乙腈、乙酸乙酯等，但在正乙烷、丁醇、石油醚中不可溶。DON还具有较强的耐热和耐酸特性，可在乙酸乙酯中长期保存[15]。在pH4.0条件下，100℃和120℃加热60min均不能破坏其结构，在170℃条件下加热60min仅少量被破坏；在pH 7.0条件下，100℃和120℃加热60min DON毒素结构仍很稳定，170℃加热15min仅有部分被破坏；在pH 10.0条件下，100℃加热60min部分被破坏，在120℃加热30min和170℃加热15min条件下，DON被完全破坏。DON毒素与其他单端孢霉烯族毒素一样，属天然产物，人工合成途径极难通过获得。DON毒素在体内可能会有一定的残留，但没有特殊的靶器官，具有很强的细胞毒性。毒素污染过的饲料被人畜误食后会导致急性中毒症状，例如，腹泻、发烧、厌食、呕吐、站立不稳、反应迟钝等，严重时还会对造血系统造成损害，甚至死亡。但不同的动物对DON毒素的敏感程度大不相同，猪最为敏感[27]；此外，DON毒素对免疫系统也有一定影响，例如，明显的胚胎毒性和一定的致畸作用，可能还会产生遗传毒性，但无致癌、突变作用。DON的急性毒性与动物的种类、年龄、性别及染毒途径有关，研究发现，雄性动物对其比较敏感，可能与雄性体内雄性激素二氢睾酮有关[28]。DON急性中毒的主要表现为头晕、站立不稳、反应迟钝、竖毛、食欲下降、头痛、呕吐、腹泻和中枢神经系统紊乱等，严重者可导致死亡。DON 可引起雏鸭、猪、猫、犬、鸽子等动物的呕吐反应和拒食反应，其中猪对 DON 最为敏感，是其他动物的 100～200 倍。呕吐的机理可能是 DON 毒素刺激了延髓化学感受器的触发区，从而造成这种现状。DON 的细胞毒性非常强，它对原核细胞、真核细胞、植物细胞、肿瘤细胞等均具有明显的毒性作用。DON 对于生长较快的细胞均有损伤作用，如胃肠道黏膜细胞、淋巴细胞、胸腺细胞、骨髓造血细胞等，所引起的损伤与辐照射线引起的细胞损伤相似，并且能抑制蛋白质的合成。研究发现 DON 对于谷物种子细胞有毒性作用，主要是它可以损伤植物细胞壁，并且促进其释放钠、钾离子，不同浓度 DON 对于大鼠红细胞的溶血反应，其溶血反应有一个阈值，低于此浓度大鼠红细胞不会发生溶血反应[29]。另外，FCM 检测表明 DON 影响细胞周期的分布，抑制细胞进入 S 期，使细胞阻滞在G0～G1 期，具有明显的抗增殖作用。DON 可使动物脑部神经递质发生改变，DON 既可诱发人外周血淋巴细胞凋亡，也可抑制人外周血单核细胞（HPBM）增殖，并能抑制 HPBM 和肿瘤坏死因子-α（TNF-α）的分泌，对机体免疫功能产生负面影响，这一结论提示我国恶性肿瘤高发区居民饮食中 DON 的污染对居民免疫机能和恶性肿瘤的发生可能有重要的影响，在肿瘤预防工作中应予以足够地重视。近年来，随着分子生物学技术的发展，DON 对免疫系统的影响引起了人们的极大兴趣。DON 既是一种免疫抑制剂，又是一种免疫促进剂，其作用与剂量有关。免疫抑制作用表现为 DON 通过其倍半萜烯结构抑制转录、翻译过程；而免疫促进作用是与机体正常免疫调节机制有关。动物研究发现，DON 可以明显抑制动物的免疫机能，能诱导小鼠胸腺、脾、小肠黏膜集合淋巴 T 细胞、B 细胞和 IgA+细胞发生凋亡。还有研究表明，免疫抑制作用表现为 DON 通过其倍半萜烯结构抑制转录、翻译和蛋白合成过程；而免疫增强作用与 DON 干扰机体正常免疫调节机制有关。在体内，DON 既可以抑制机体对病原体的免疫应答，同时又可以诱发自身免疫反应。DON 对免疫系统主要表现具有明显的急性和慢性毒性作用，引起食欲下降、呕吐、体重减轻和代谢紊乱；在细胞水平有明显的细胞毒性作用，引起细胞的损伤；根据浓度和作用时间不同，对免疫细胞因子既可以表现为抑制，又可以表现为超诱导；可诱导并促进免疫细胞的凋亡，抑制其增殖；促进 IgA 分泌，抑制 IgM 和 IgG 的分泌[30]。

2. 玉米赤霉烯酮

玉米赤霉烯酮（Zearalenone，ZEN）又称 F-2 毒素，主要是由粉红镰刀菌（*Fusarium roseum*）及禾谷镰刀菌（*Fusarium raminearum*）产生的一种霉菌毒素。广泛存在于霉变的玉米、高粱、小麦、燕麦、大麦等谷类作物及奶制品中，是一种污染范围最广的镰刀菌毒素[24]。在我国，由于多数地区雨量充沛，相对湿度较高，谷物和动物饲料更容易受到霉菌毒素的污染，全国的饲料原料及饲料中 ZEN 检出率高达 100%，安徽、河南两省 75.3% 的粮食中 ZEN 检出量平均值达到 187.2ng/g。ZEN 是一种特殊毒性的生物毒素，具有类雌激素样作用，能引起动物流产、死胎、返情等生殖机能异常，还会导致生长下降、免疫抑制、不育、畸形等；ZEN 还可以通过食物链在人体中造成蓄积，进而每年给食品、饲料和畜牧业带来巨大的经济损失，也给人类健康造成极大的危害，因此需将之去除。但传统的物理和化学方法存在一定的局限性，而生物降解霉菌毒素具有高效、彻底、无二次污染，不会降低产品营养价值的优势。因此，利用生物法清除 ZEN 已成为重要的研究方向。

ZEN 是白色晶状，ZEN 是 2,4-二羟基苯甲酸内酯类化合物，化学名称为 6-(10-羧基-6-氧基碳烯基）-β-雷锁酸-μ-内酯，分了式为 $C_{18}H_{22}O_5$，相对分子质量为 318。ZEN 不溶于水、二硫化碳和四氧化碳，溶于碱性水溶液、乙醚、苯、氯仿、二氯甲烷、乙酸乙酯和醇类，微溶于石油醚。由于玉米赤霉烯酮是一种内酯结构，因此在碱性环境下可以将酯键打开，当碱的浓度下降时可将键恢复[188]。ZEN 甲醇溶液在紫外光下呈明亮的绿-蓝色荧光。ZEN 可被胃肠道持续吸收，肝肠循环可延长 ZEN 在胃肠道滞留时间，ZEN 主要随粪便排出，少量 ZEN 可由乳汁排泄。在鼠类和禽类中，由氚标记的 ZEN 在体内无蓄积作用，其代谢物主要与葡萄糖醛酸结合，还原为玉米赤霉烯醇（Zearalenol，ZEL）。ZEL 主要有两种非对应立体异构体 α-和β-玉米赤霉烯醇。α-ZEL 熔点较低（168～169℃），而 β-ZEL 熔点相对较高（174～176℃）。体外研究表明，ZEN 及其代谢产物、α-ZEL 和 β-ZEL 的雌激素活性顺序为：α-ZEL＞ZEN＞β-ZEL，其中 α-ZEL 和 ZEN 的雌激素活性分别是 17β-雌二醇的 1/150 和 1/300。

动物内源雌激素与 ZEN 的结构类似，因此雌激素受体与其结合表现出弱雌激素活性。现已经在家禽和猪试验中验证了这种雌激素的作用，特别是猪对 ZEN 最为敏感。体外试验研究结果证明，1 000μg/L ZEN 可以显著降低猪卵母细胞成熟速率及精子穿透能力，ZEN 还可以显著降低精子活力。采用体外细胞培养法，发现ZEN极大地抑制了卵巢颗粒细胞的活性，显著地增加了细胞内MDA量。因此，ZEN对卵巢颗粒细胞的致毒机理可能是通过引发膜中多不饱和脂肪酸（Polyunsaturated fatty acid，PUFA）的脂质过氧化作用，并形成脂质过氧化物（如MDA），而脂质过氧化作用最终能导致很多脂类分解产物的形成，其中一些能引起细胞代谢及功能障碍，甚至死亡；与此同时，氧自由基还能通过脂氢过氧化的分解产物引起细胞损伤。口服低剂量的ZEN（20μg/kg）48天后就能抑制卵巢颗粒细胞及卵巢基质结缔组织增殖，刺激子宫壁组织增生，并伴随着由子宫出血引起的子宫肿胀。目前研究结果[31]表明，免疫器官是激素分泌失调时潜在的靶器官。对雄性小鼠腹腔注射ZEN，在连续6天注射25mg/kg ZEN后试验小鼠的胸腺指数与对照组相比显著降低，胸腺明显萎缩，胸腺细胞出现典型的凋亡峰；脾指数降低，但与对照组差异不显著，脾淋巴细胞未见典型的凋亡峰；单次注射50mg/kg ZEN 48h后，胸腺细胞和脾淋巴细胞均显著阻滞于细胞周期的G2/M期；连续3天注射50mg/kg ZEN后，小鼠胸腺和脾出现病理性变化。

二、国内外防治现状

鉴于小麦赤霉病的危害之大，近年来，人们已经采取多种方法和措施对小麦赤霉病进行防治，国内外对于小麦赤霉病的研究报道也越来越多，研究方向也各异，力图找到最有效便捷经济的防治措施。目前主要通过培育抗病小麦、化学药剂、生物防治及其他防治措施对小麦赤霉病进行防治。

（一）抗性育种

政府和农业科技工作者一直就十分关注小麦赤霉病的研究与抗性改良，成立了全国性的小麦赤霉病的协作研究组，并逐步建立和完善小麦赤霉病的接种方法和鉴定评价标准。现已培育出了一批中抗水平的优质、高产小麦新品种，并将其推广应用到小麦大面积生产上，有效减缓了小麦赤霉病多发和重发的长江中下游冬麦区的发病状况，如苏麦 3 号、望水白等一批抗性品种被培育和发掘出来，其中苏麦 3 号目前也已成为全世界同行公认且应用最为广泛的赤霉病抗原[35-39]。2009 年 10 月 15 日江苏省农业科学院育成的小麦新品种生选 6 号通过国家审定，这是我国审定通过的第一个高抗赤霉病的小麦新品种[40]。

选择人工培育的抗性品种是减缓小麦赤霉病发病情况的最有效措施之一，但后代抗性选择效果差、高产与高抗结合难、抗原有待进一步发掘等都是育种中普遍存在的问题，解决这些问题才能使小麦赤霉病抗性的改良得到发展。环境条件是影响小麦赤霉病抗性表达的重要因素，为了得到较准确的田间试验抗性评价结果，必须经过多年的试验才能得到可靠数据。

如今发展迅速的分子标记技术也已投入到小麦赤霉病抗性改良的研究中来，用于分子标记辅助选择技术。这项技术可以弥补传统育种的不足，提高选育抗性品种的效果。科技水平的不断提高，分子生物学、基因组学、生物技术等的不断壮大发展，为农作物品种的改良研究提供更多的渠道、思路和方向。

（二）药剂防治

目前药剂防治是控制小麦赤霉病最直接有效的方法之一，

小麦扬花期是防治的关键时刻，在麦田里喷洒适量的药剂可以有效防治小麦赤霉病。目前化学防治采用的药剂多数为多菌灵、三唑酮或采用两者复配使用。但是长期大量使用化学药剂易使土质退化、环境污染，也会诱使小麦赤霉病菌逐步产生极严重的抗药性[41]。周明国等在浙江省海宁第一次在小麦赤霉病病穗上检测到了抗多菌灵的病原菌菌株，随后分别有其他研究人员在江苏、浙江、上海多地发现了耐药的病原菌菌株，这些菌株逐步取代其他致病菌，成为浙江小麦赤霉病的优势致病菌，并可能已侵染扩散开来[42]。所以，当务之急是解决药剂品种单一的问题，多种药物间隔使用，防止靶标菌产生极严重的抗药性，因而新药剂品种的开发成为燃眉之急。

史兴涛等通过进行田间药效试验来验证 5 种不同种药剂对小麦赤霉病的防治效果，筛选其中兼具防治效果好和作物安全性高的药剂，用于农业生产中。其试验结果表明，25％氰烯菌酯悬浮剂、70％甲基硫菌灵可湿性粉剂、50％多菌灵可湿性粉剂、250g/L 戊唑醇水乳剂、250g/L 嘧菌酯悬浮剂都能对小麦赤霉病产生一定的防治效果，其中以 25％氰烯菌酯悬浮剂、250g/L 戊唑醇水乳剂、250g/L 嘧菌酯悬浮剂对小麦赤霉病的防治效果更为明显，可以进一步推广[43]。

段成鼎等以济宁 16 为材料，选取了三唑酮、多菌灵、戊唑醇、咪鲜胺、丙森锌、唑醚·代森联 6 种杀菌剂进行田间试验，研究其对小麦赤霉病的防治效果。通过试验得出，2 次喷雾 6 种杀菌剂的平均病情指数防治效果均高于 60％，且能明显提高小麦产量，其中唑醚·代森联、咪鲜胺、丙森锌、戊唑醇对赤霉病的防治效用明显优于常规的多菌灵、三唑酮等药剂，可交替用作小麦赤霉病的防治药剂，为小麦赤霉病的药剂防治提供了新的选择[44]。

另外，郁东航、陈新友、王丽芳、陆小成等许多科研工作者均对不同的农药进行防治效果研究[45-48]，希望通过试验得到低毒高效农药，用于替代常规化学药剂或者与之交替使用，为小麦赤霉病的化学防治提供了科学依据。

（三）生物防治

生物防治是指利用自然界中的生物自身或它们的代谢产物来对植物病害进行防治的方法，主要有三大类：以菌治病、以虫治虫和以菌治虫。现如今抗性育种和化学药剂防治在防治小麦赤霉病中有了一定的成果，在这生态病理学迅猛发展之际，从微生物的角度出发，寻找兼顾防病增产和环境友好可持续发展的生物防治措施已成为人们关注的焦点。从有益微生物着手防治多种植物病害，达到植物病害的综合防治，已经是一个十分活跃且前景广阔的发展领域。

目前国内外大量的科研工作者从生物防治的角度出发，在筛选有益拮抗菌及其应用方法上做了大量的实验和研究，并取得了很好的成绩[49-53]。能否筛选到对病原菌具有高效拮抗作用的生防菌株是生物防治能否成功的关键所在，因为不同生长环境下的微生物多样性制约着生防菌株的适应能力，同样细菌中不同菌株之间的遗传多样性也会影响着其表现的拮抗特性和防病效果。

纵观现有关于植物病害的生物防治研究报道，大部分的报道集中于细菌防治措施。说明防治植物病害的生物防治剂中，拮抗细菌要比其他的防治材料效果更为突出。其原因有以下几点：首先，目前有研究指出生物防治主要通过抗生作用、竞争作用、增加无机营养的溶解度促进寄主植物的生长发育形成系统抗性来抵杭病菌的侵染、诱导宿主产生抗病性等，拮抗细菌起到生防作用时往往是几种生防机制同时作用，使得病原菌难以产生抗药性。其次，拮抗细菌的来源多为农田本身，与病原菌拥有相同的生态适应性，定殖效果比较好，相对来说，细菌繁殖更为迅速，与病原菌抗争达到防治病害的目的更为容易，防治周期相比于其他微生物也更为持久。再次，细菌具有代谢周期短的特点，繁殖传代迅速，因此拮抗物质以惊人的速度产生，在田间试验和推广使用时，采用菌活体与其拮抗代谢产物协同作用，可以极大地提高拮抗细菌发挥生防作用的潜力，同时还可以节约时间和防治成本。最后，利用有益微生物进行生物防治，对生态环境更为友好，有益于生态平衡。因为其产生的拮抗物质特异性较强，只针对部分病原菌，不会与其他有益微生物产生反应，对人体一般也无害，对生态系统的危害不大甚至没有。细菌中，又以枯草芽孢杆菌的拮抗效果最为明显，拥有极大的潜力和市场应用前景。

（四）拮抗菌种类

拮抗微生物在细菌、真菌、病毒、放线菌等许多生物种群中均有发现。用于农作物真菌病害防治的常用微生物主要包括细菌、霉菌、酵母菌和放线菌。目前分离到对小麦赤霉病原菌有拮抗作用的菌株多为芽孢杆菌（*Bacillus Cohn*）、假单胞菌（*Pseudomons Migula*）、放线菌（*Actinomycetes*）、伯克霍尔德菌（*Burkholderia Yabunchirtal*）和真菌（*Fungi*）等。

1. 芽孢杆菌

芽孢杆菌是一类可以形成芽孢的革兰氏阳性菌。其繁殖代谢快，平均每小时可增殖 25 万倍，是标准菌的 1 万倍。芽孢杆菌体积较大，是一般病原菌的 6 倍，具有占有空间的方便性，从而可以方便抑制有害病菌。其生命力也非常强大，既耐－60℃的低温，又可耐 280℃的高温，而且对强酸、强碱、高温、高渗、高氧、低氧等环境都有耐性[54]。芽孢杆菌可以产生许多种类的抗生素，例如，多肽抗生素、脂肽类抗生素，还可以产生脂肪、氨基酸等次生代谢产物以及一些挥发性的抗菌物质，具有较宽的抑菌范围，可以抑制根部、枝干、叶部、花部及收获后作物的病害[55]，如立枯病、小麦赤霉病等土传和地上部分病害[56,57]。

枯草芽孢杆菌是一种好氧嗜温产芽孢菌，能产生耐干旱、热、紫外线和有机溶剂的内生孢子[58,59]。目前有研究者从小麦中获得了对小麦赤霉病病原菌具有较强拮抗能力的枯草芽孢菌，试验结果显示，其对小麦赤霉病的相对防效与多菌灵的防效相接近[60]。目前，有一些枯草芽孢杆菌已应用于工业化生产。美国的 Agraquest 公司已利用一些菌株开发出活菌杀菌剂，可在叶面施用来防治灰霉病等真菌和细菌病害，并已投入使用。我国也有机构利用枯草芽孢杆菌菌体制成了具有良好效果的“麦丰宁”制剂，该制剂对植物病原细菌及真菌都有较好的抑制作用。

解淀粉芽孢杆菌含有大量允许外源基因插入的序列，具有广谱抑菌活性并且具有较好的代谢多种次生代谢产物的能力，是近年研究的热点生防菌之一。因其广泛分布，比较容易分离获得，不会对环境造成污染，对人畜也无害，生长比较迅速，抗逆能力也较强，加上其稳定性又好，所以很适合作为生防菌来使用。目前有研究者已分离到了具有生物拮抗活性以及对丝状真菌具有抑制作用的解淀粉芽孢杆菌[61-64]，已有研究者筛选获得了一些对禾谷镰刀菌具较好拮抗能力的菌株，田间试验显示该菌代谢物对小麦赤霉病的防治效果较好，高达80%～90%[65]。

多黏类芽孢杆菌是芽孢杆菌科类芽孢杆菌，在划入类芽孢杆菌属之前又称 *Bacillus polymyxa*。其细胞呈杆状，利用其周生的鞭毛进行移动，可以产生椭圆形的芽孢，其生长最合适的温度为28～30℃，最合适的 pH7，在有氧及无氧条件下都可生长，有时会产气，不产生可溶性色素[66]。广泛栖息于自然环境中，不仅在植物体表、土壤、根、低茎部位常见，也是一种植物内生菌。从自然界分离获得的多黏类芽孢杆菌菌株大多具有拮抗作用、溶菌作用、促生作用等生物活性。有些甚至还有其他生物活性，例如，抗真菌、抗病毒、抗支原体；可产生多种抗菌物质，例如，肽类、核苷类和酚类等[67-70]；此外，多黏类芽孢杆菌还具有土壤向根部定植、通过溶磷和固氮为宿主提供营养、促进植物生长、提高植物抗病等作用[71,72]。因为多黏类芽孢杆菌对人畜无害，美国环保署（EPA）已经将多黏类芽孢杆菌列为可在商业上使用的微生物之一[73]，具有较为广阔的前景。目前，已有研究者从受禾谷镰刀菌侵染的小麦麦穗中分离出一株对禾谷镰刀菌具有拮抗作用的多黏类芽孢杆菌[74]，也有人从土壤中分离得到一些对许多病原细菌和真菌都具有较好拮抗能力的多黏芽孢杆菌[75]。有一些研究者也发现某些多黏芽孢杆菌的发酵液对真菌有很强的拮抗活性[76]，具有明显抑制真菌菌丝及孢子萌发的作用，其中对西瓜枯萎的孢子萌发的抑制率达到 89%，对其他部分病害也有很好的抑制效果[77]。

2. 假单胞菌

假单胞菌是稍弯曲或直的一种革兰氏阴性无核杆菌。该菌细胞单个，细胞大小为（0.5～1）μm×（1.4～4）μm，不形成芽孢，以数根极毛或单极毛运动，严格好氧，可在pH7.0～8.5 范围下生长，生长温度在 4～43℃，大量存在于动植物活动环境中，尤其是土壤中。其生长繁殖营养要求低，代谢类型多，生化能力相对活泼，因此可适应不同环境，广泛分布于自然界各地，是分布最广的微生物之一。

非致病假单胞菌大量存在于植物根际，是最主要的根基促生菌（PGPR）之一，具有拮抗和促生作用[78,79]。可产生多种抗生素，包括氢氰酸、2,4-二乙酰藤黄酚、绿脓菌素和脂多肽及其衍生物等。其通过分泌可降解病原微生物的酶、可对铁进行营养竞争的嗜铁素及产生发挥抗生作用的拮抗物质等来达到生物防治目的，从而抑制植物，甚至促进植物生长。对马铃薯、甜菜、小麦比较常见的枯萎病，以及小麦全蚀病等有不同程度的防治效果。

有研究者筛选分离到了可显著减少大麦和小麦赤霉病发病率并减少损失的假单胞菌菌株，另外，这三株菌还可减少谷粒中脱氧雪腐镰刀菌烯醇毒素水平[80,81]。

3. 放线菌

放线菌属于原核生物，其具分开的支状菌丝的革兰氏阳性菌。在固体培养基上呈辐射状生长。一般有发达的分枝菌丝，有营养菌丝和气生菌丝两种，其中的一些营养菌丝可产生不同颜色的色素，这一特征可为菌种鉴定提供依据；气生菌丝一般叠生于营养菌丝上。放线菌可靠孢子和断裂生殖的方式进行繁殖，在自然界中广泛分布，与人类生活关系非常密切。

有70%的抗生素都来自放线菌。另外，一些放线菌还可产生淀粉酶、纤维素酶等酶制剂，部分可产生有机酸、维生素B_{12}，部分可存在于植物根瘤中进行固氮，一些可用于烃类发酵和无水处理等领域。放线菌是被人们最早用于工业生产的生防菌，人们认为其中最有价值的是链霉菌。有人从土壤中筛选出了一株可通过产生抗菌活性物质对多种植物病原菌具有很强抑制作用的链霉菌[82]。

4. 伯克霍尔德菌

在1949年，美国一位植物病理学研究者发现其可以引起洋葱茎的腐烂，故而称其为洋葱假单胞菌（*Pseudomonas cepacia*）。1992年一些学者将该菌及其他6个属于rRNA群的假单胞菌划为一个新的属，改名为伯克霍尔德菌（*Burkholderia cepacia*，*BC*）。该菌是一种革兰氏阴性菌，其对营养的要求不高，大量存在于土壤、植物、水体及人体中。在最普通的培养基上可生长得良好，其最合适的生长温度是30℃，培养24h后，菌落直径小于1mm，可产生一种或多种色素，培养温度与培养基的成分会影响其色素的产生，菌落中心由于氧化乳糖而显示红色或淡红色。

该菌可产生多种具有抗菌能力的物质，例如，硝吡咯菌素、铁载体、吩嗪、单萜生物碱和苯基吡咯等。该属25个种中的一些具有生物修复、促进植物体生长和生物防治等功能，已被用于分解有毒物质、生物学防治等领域。

5. 真菌

有报道，一些真菌也会对小麦赤霉病具有防治效果，真菌是属于真核生物，通常可以分为蕈菌、霉菌和酵母菌3个不同的亚门。霉菌也成为丝状菌，部分霉菌可以用来制造抗生素和生产农药。木霉菌属（*Trichoderma* spp.）广泛存在于土壤中，是目前研究最多的用于植物病害防治的真菌[83]。早在19世纪80年代，一些可对李属果树银叶病进行防治的木霉制剂已在部分国家产品化[84]。有研究者从小麦根基分离出一株可抑制禾谷镰刀菌的哈茨木霉（*Trichoderma harzianum*）[85]。

酵母菌体呈圆形或椭圆形，通常以出芽的方式进行繁殖，有些还可以进行二等分分裂，在自然界中分布广泛，在各种蔬菜果品上分布较多。酵母菌比较常用于蔬菜果品的生物防治，在应用方面其最大的优点是可在比较缺水的植物表面生存，并且迅速利用营养物质进行繁殖。另外，其受到杀虫剂的影响很小，而且不会产生抗生素，因而可避免因病原菌对抗生素产生抗性而降低其防治效果的现象[86]。有研究者从小麦上分离到了两株对禾谷镰刀菌有一定抑制作用的隐球酵母（*Cryptococcus*），其中一株抑制率达77.93%[87]。

（五）拮抗菌防病机制

不同的生物防治菌的防治效果不同，其防治机制也不同，利用微生物进行防治的机制可分为：抗生作用、竞争作用、诱导抗病性、重寄生作用和溶菌作用。

1. 抗生作用

抗生作用是生物防治众多机制中微生物防治植物病虫害的一个重要机制，它是指微生物利用自身产生的抑菌物质通过作用于病原菌的细胞壁、细胞膜、能量代谢系统、蛋白合成系统等从而抑制或杀死病原物。拮抗菌可产生的抗菌物质主要是抗生素；此外，还包括抗菌蛋白、降解酶、细菌素、嗜铁素等。

抗生素主要作用于微生物的生理方面，通过干扰微生物细胞新陈代谢中的某一个或某几个过程进而抑制、溶菌或致死敏感微生物[88]，达到防治病害的目的。对病原菌具有拮抗作用的微生物产生的抗生素包括吩嗪羧酸、双乙酰藤黄酚、吩嗪酰胺、吡咯菌素、黄绿脓菌素和一类丁酰内酯[89-92]，还有一系列非核糖体小肽，例如，依枯草菌素、芬荠素、表面活性肽、制磷脂菌素等[93]。2,4-二乙酰藤黄酚和吩嗪酸是荧光假单胞菌产生的两种典型的抗生素，它们对防治小麦全蚀菌（Ggt）引起的小麦全蚀病有重要作用[94]。

抗菌蛋白的抑菌机制主要通过抑制病原菌孢子的产生及萌发、使菌丝形状畸形、细胞壁被溶解及原生质泄露等。研究发现某些枯草芽孢杆菌菌株产生的抗菌物质，是分子质量范围在20～63ku 之间的抗菌蛋白[95]。也有研究者发现一株对禾谷镰刀菌具有较好拮抗作用的枯草芽孢杆菌，其产生的具抗菌能力的蛋白分子质量大约为 40ku[96]。本实验室分离到的解淀粉芽孢杆菌 AF0907 发挥对禾谷镰刀菌拮抗作用也是通过产生抗菌蛋白起作用的[97]。

微生物可分泌一些酶，这些酶既可以用来减少植物病害，又可通过对物质的降解来给植物供给营养。真菌细胞壁主要包括葡聚糖和几丁质两个部分，一些细菌便通过产生可降解真菌细胞壁的酶对真菌病害进行防治。目前，已有研究者分离到高产的几丁质酶对小麦赤霉病、油菜菌核病和稻瘟病等真菌病害起到防治作用的菌株[98-99]。

细菌素由质粒来调控其产生的，只对同源菌株或近似菌株才会有拮抗效果。通常是由革兰氏阳性菌产生来抑制其他革兰氏阳性菌的，其主要成分是具生物活性的蛋白质。根据细菌素化学结构式可分为 4 类：羊毛硫抗生素、小分子的热稳定肽、热敏感的大分子蛋白、含类脂基团的复合型大分子复合物。当细菌素进入敏感细胞后，可通过多种方式抑制或杀死敏感细胞，例如，破坏脱氧核糖核酸的稳定性、破坏膜的完整性、扰乱蛋白质的合成等方法。枯草芽孢杆菌可产生两种属于 SHSP 的细菌素 Subtilosion 和 Subtilin，对革兰氏阳性菌具有很强的抑制作用。

嗜铁素是一些微生物产生的可螯合铁离子的物质。嗜铁素可以消化含铁的化合物，从而避免因环境中缺少铁离子而不能生存。荧光假单胞菌可通过产生可螯合铁的嗜铁素来抑制一些植物病菌的生长。荧光假单胞菌在体外可产生的 4 种嗜铁素：乌菌素、绿脓菌螯铁蛋白、水杨酸和洋葱伯克菌素[100]。

2. 竞争作用

植物体内的生存需一定的空间及营养，拮抗菌的竞争作用主要表现为同病原菌进行空间和营养竞争。空间竞争是指拮抗菌利用其生长快、繁殖迅速的特点来与病原菌竞争，从而起到防治作用。一些国家在松树伤口接大量的伏革菌，待其长满后来防止多年层孔菌带来的危害。营养竞争，即通过拮抗菌同病原菌竞争营养物质从而达到抑制病原菌生长的方法。一些拮抗细菌能够分泌大量的嗜铁素，进而使得土壤环境中病原菌所在环境中 Fe^{3+} 大大减少，从而抑制病原菌的生存[101]。之后也有研究者发现，一株棘孢木霉（*T. asperellum*）菌株可与尖孢镰刀菌竞争铁元素，从而达到防治病害的作用[102]。

3. 诱导抗病性

诱导抗病性是指益生菌通过其本身或代谢产物诱发植物自身产生抗病反应，诱导植物启动自身防御功能，从而扩大其对病菌的抵抗能力。与抗生作用类似，诱导抗病性也包括生物诱导抗病性和非生物诱导抗病性两大类。诱导结果是诱导宿主细胞壁变厚，甚至形成乳突、增大细胞壁的机械强度、使细胞壁中木质素的含量增加等，或使植物的病程相关蛋白次生代谢物质的氧化酶及水解酶增加等[103,104]。目前，有研究者发现一些产酶溶杆菌菌株发挥拮抗作用便是通过分解酶和诱导抗性[105,106]。

4. 重寄生作用

重寄生作用是指一种寄生生物寄生在另一种寄生生物上。是生防真菌防治病害采用的一种机制。在该过程中，生防真菌先通过菌丝外表的生物结构及化学物质来确定病原菌，识别后产生吸器进入到菌丝内，从而吸取菌丝的营养，进而使病原菌死亡[107]。某些哈茨木霉和深绿木霉就是通过该机制来对立枯丝核菌等病原真菌起到拮抗作用的[108]，也有一些通过木霉防治草莓灰霉病的菌株被发现，通过对病机理及其效果进行研究，发现其是通过竞争作用和该作用来抑制灰霉病且抑制效果显著[109]。

5. 溶菌作用

溶菌作用是通过拮抗菌吸附在病原真菌上，然后在随着菌丝生长的过程中通过产生溶菌物质消解菌丝体，从而使菌丝断裂；或是利用拮抗菌产生的次级代谢产物使病原真菌细胞壁造成穿孔，进而造成原生质外溢。真菌的细胞壁主要包含氨基和已糖，还包含纤维素、几丁质、葡聚糖，以及蛋白质、脂类、无机盐等成分。木霉菌就可通过产生纤维素酶、葡聚糖酶和蛋白酶等引起病原菌菌丝破裂，从而抑制病原真菌的生长，使病原菌解体腐烂。

虽然对病原菌的防治机制有多种，但各防治机制之间并不是相互矛盾的，一些生物防治菌可同时采用几种不同的抗病机制来抑制病原菌。

（六）应用途径

拮抗菌的应用有以下3种途径：

（1）活体制剂。首先将细菌在培养基上培养获得足够数量的菌群后，用甲基纤维素等载体制成微生物活体制剂，用于混配成菌土或包衣处理于播种前穴施于底土中。固体培养基产生的菌数量有限，以及活体发挥防效会受到多种因素影响成为了该方法大规模实行的限制因素。只靠菌活体的方法主要用于实验室中拮抗菌的筛选或防效测定，在生产中要大规模实行可能性不大。

（2）纯化后的代谢产物。将有拮抗活性的代谢产物通过蘸根、浸种等处理来对植物病害进行防治。该方法虽然避免了活体定殖方面的困难，但是由于拮抗物质的分离提纯要较高成本，而且难度较大，所以该方法尚未有成功在田间进行防治的报道。

（3）菌活体及代谢产物混合使用，直接将菌株发酵液与营养载体混合制成抑菌剂来用于包衣或将发酵液与细土拌过后来防治病害。现在已经有该方法成功的报道，这是目前防治病害的最主要的方法。究其原因是由于该方法可以将生防菌的多种抑菌机理及拮抗物质的拮抗效果综合利用起来。

三、研究目的与意义

小麦赤霉病现有的防治途径有其自身缺点，其中选育抗性品种的抗性遗传较为复杂，高产与高抗难以同时兼备，且遗传力低，实验过程受环境及数量的制约极大，都严重影响着赤霉病抗性育种的发展，再加上目前无法得到非常理想的抗原材料，使抗性育种进入了一个瓶颈期；在小麦扬花期喷洒化学药剂是防治小麦赤霉病的有效措施，也是农民普遍较为依赖的方法。但是，化学防治也面临着可供选择的高效防治药剂较少、植物病害产生的抗性迅速严重等问题，自 20 世纪 80 年代报道灰霉病菌、甜菜霜霉病菌等对多菌灵产生抗药性以来，植物病原菌产生抗药性的产生抑制是国内外学者较为关心的问题。生物防治可以解决抗性育种田间试验繁琐的难题，也可以缓解病原菌抗药性产生迅速的弊端。虽然赤霉病的生物防治仍处于探索阶段，但利用生防菌在田间应用拥有更广阔的发展前景。

本研究的目的是建立禾谷镰刀菌在生长、产毒、发育过程中，由拮抗菌产生的拮抗物质的提取方法，通过分析纯化后的拮抗物的性质，筛选出活性较好的拮抗物。

目前国内外已经研究大量的拮抗物质用于防治植物病虫害、食品生物防腐、抗病毒等，但多数拮抗菌对植物病害的防治效果不稳定，随着研究的深入，发现了更多更好的抑菌物质，本研究拟从镰刀菌毒素降解微生物和产毒抑制微生物中分离出具有高活性的抗生物质，解析化学结构，阐明功能活性，开发生物菌剂，改变镰刀菌毒素防控的被动局面，提高谷物类农产品的质量与安全。

第二章　小麦赤霉病原菌拮抗菌的鉴定

细菌主要依靠培养和生化等表型特征进行分类鉴定，主要是对细菌形态和生理生化水平、细胞组分水平及蛋白水平三个水平的鉴定，包括常规鉴定法、化学分类鉴定法和数值分类鉴定法。随着分子生物学技术的发展及其在细菌鉴定中的渗透和应用，细菌鉴定更加简便、快速、准确。16S rDNA基因内部结构由保守区和可变区组成，保守区是所有细菌共有的，有“分子化石”之称，可变区在不同细菌之间存在不同程度的差异，具有属或种的特异性，目前大多数细菌的16S rDNA基因都已经测序完成，为细菌的基因诊断提供了条件，随着核酸测序技术的发展，16S rDNA序列越来越多地被用于细菌的系统进化研究，并已成为确立细菌新分类单位的必要数据。

本实验主要采用细胞形态观察、生理生化水平和16S rDNA序列分析，对前期筛选的两株拮抗菌进行鉴定，通过构建系统发育树，确定拮抗菌的种群；通过对其他植物病原菌的抑制效果，判断拮抗菌的抑菌谱；通过麦粒试验检测拮抗菌的防治效果。

一、试验材料与方法

（一）试验材料

1. 菌株

供试菌：7F1 和 7M1，均为本实验室筛选的拮抗菌。所用病原菌如表 2-1 所示

表 2-1　用于抗菌活性测定的 8 种植物病原菌

菌　　株	来　源	ATCC 编号
木贼镰刀菌（*Fusarium equiseti*）	CGMCC 3.6911	200473
轮枝镰刀菌（*Fusarium verticillioides*）	CGMCC 3.7987	MYA-3629
半裸镰刀菌（*Fusarium semifectum*）	CGMCC 3.6808	62601
禾谷镰刀菌（*Fusarium graminearum*）	CGMCC 3.4733	20329
胶孢炭疽菌（*Colletotrichum gloeosporioides*）	IVFCAAS PP08050601	36036
层出镰刀菌（*Fusarium proliferatum*）	CGMCC 3.4741	74275
尖孢镰刀菌（*Fusarium oxysporum*）	CGMCC 3.6855	MYA-3246
雪腐镰刀菌（*Fusarium nivale*）	CGMCC 3.7999	42314

CGMCC：China General Microbiological Culture Collection Center；

IVFCAAS：The Institute of Vegetables and Flowers Chinese Academy of Agricultural Sciences；

ATCC：American Type Culture Collection，Manassas，USA.

2. 主要仪器

表 2-2　主要仪器与设备

仪器名称	型号	生产厂商
涡旋振荡仪	QL-901	其林贝尔仪器制造公司
高速离心机	5415-D	Eppendorf in Germany

（续）

仪器名称	型号	生产厂商
电子天平	BS124S	北系赛多利斯仪器系统有限公司
立式高压蒸汽灭菌锅	SINTH-3560	VERTICALSTERILIZERTSAOH
pH 计	PB-10	Sartorius
控温控湿摇床	HYL-C	太仓市强乐实验设备有限公司
超净工作台	AIRTECH	苏净安泰
大面盘磁力搅拌器	85-2	国华电器有限公司
紫外可见分光光度计	UV7 504PC	上海欣茂仪器公司
显微镜	AXIO	ZEISS 公司

3. 主要试剂

酵母粉、蛋白胨、葡萄糖、氯化钠、甘油、硫酸铵、乙酸乙酯、盐酸、氢氧化钠，均为国产分析纯。

4. 培养基

（1）PDA 培养基　马铃薯（去皮）200g，20g 葡萄糖，1.5%琼脂粉，自然 pH，用蒸馏水定容至 1L。将马铃薯洗净去皮后称重，切成 1cm×1cm 小块，蒸馏水煮 20min，用四层纱布过滤，加入葡萄糖及琼脂，定容至 1L，自然 pH。115℃灭菌 25min。

（2）LB 培养基　酵母粉 5g，蛋白胨 10g，氯化钠 10g，1.5%琼脂粉，用蒸馏水均匀溶解，调 pH7.0，蒸馏水定容至 1L，121℃灭菌 20min。

（3）绿豆培养基　称取绿豆 15g 煮沸至半数开花，用 4 层纱布过滤，自然 pH，滤液加蒸馏水定容至 1L。121℃灭菌 20min。

（二）试验方法

1. 拮抗菌的鉴定

（1）拮抗菌生理生化实验　将筛选到的拮抗菌接种于 LB 斜面培养基，并送至中国科学院微生物研究所按照《常见细菌系统鉴定手册》中的方法对拮抗菌进行细胞形态和生理生化特征鉴定。

（2）菌种活化及发酵液的制备　将保藏的菌株划线于 LB 固体培养基上 37℃培养 24h，然后用接种环取已经活化的菌于 LB 液体培养基中，37℃振荡培养（200r/min）8h 作为种子液。以 1%接种量转接至 LB 液体培养基中，37℃振荡培养（200r/min）24h 即得到发酵液。

（3）菌种基因组 DNA 的提取　根据细菌组 DNA 提取试剂盒的说明提取菌株基因组 DNA：取培养液 5mL，10 000 r/min 离心 1min，吸净上清液，加入 180μL 缓冲液（20mM Tris，pH8.0；2mM Na_2-EDTA；1.2% Triton；终浓度为 20mg/mL 的溶菌酶），37℃处理 30min。向管中加入 20μL 蛋白酶 K 溶液，混匀。加入 220μL 缓冲液 GB，振荡 15s，70℃放置 10min，溶液变清亮，离心去除管内壁水珠。加入 220μL 无水乙醇，充分振荡混匀 15s，转入吸附柱中，12 000r/min 离心 30s，倒掉废液，将吸附柱放入收集管中，加入 500μL 缓冲液 GD，12 000r/min 离心 30s，倒掉废液，将吸附柱放入收集管中，加入 600μL 漂洗液 PW，12 000r/min 离心 30s，倒掉废液，将吸附柱放入收集管中，漂洗过程重复两次，将吸附柱置于室温放置 3min，转入一个干净的离心管中，向吸附膜中间滴加 50～200μL 洗脱缓冲液 TE，室温放置 3min，12 000 r/min 离心 2min，收集溶液即为提取的基因组 DNA。

（4）16S rDNA 基因序列 PCR 扩增　将拮抗菌在 LB 平板上活化，30℃培养 12～18h，用提取菌株的 DNA 作为 PCR 模板，按照表 2-3 的反应体系用引物扩增 16S rDNA 基因。16S rDNA扩增反应条件：98℃ 2min；98℃ 15s，55℃ 30s，72℃1min30s，30 个循环；72℃10min。

①PCR 反应体系（50μL）（表 2-3）。

表 2-3　PCR 反应体系

体　系	添加体积（μL）
ddH_2O	37
10×Taq buffer（Mg^2＋plus）	5.0
dNTP mixer（10mmol/L）	4.0
正向引物 1（10μM）	1.5
反向引物 2（10μM）	1.5
rTaq 酶（5U/μL）	0.3
模板	0.7

扩增 16s rDNA 的引物序列：

27F：5’ AGAGTTTGATCMTGGCTCAG3’

1492R：5’ GGTTACCTTGTTACGACTT3’

②琼脂糖凝胶电泳检测　配制电泳缓冲液（1×TBE）：称取 54g Tris，25.9g 硼酸，20mL EDTA（0.5mol/L）用纯水定容至 1L。

琼脂糖凝胶的制备：称取 1g 琼脂糖粉末，加入 100mL 电泳缓冲液，混匀后放入微波炉加热熔化成澄清透明液体。将溶液倒入胶槽，冷却后备用。

点样：取 PCR 产物 3.5μL，与 2μL 的上样缓冲液混匀，点入胶孔内，以 DL2000 DNA 为 Maker 对照进行电泳，控制电压为 110V，时间 20～25min。

电泳完成后将凝胶放入含 EB 的溶液中染色，10min 后在凝胶成像系统下观察，16S rDNA 的条带位置在 Maker 的 1 500bp左右，确认条带位置正确且条带特异性较高、亮度较好，即可将 PCR 产物送至上海生工测序部测序。

③测序结果比对构建进化树　将测序所得基因序列登录 NCBI（www. ncbi. nlm. nih. gov. ）进行 BLAST 分析，挑选相似度大于 95％的序列，用 MEGA5. 1 软件进行核酸序列同源性分析，构建系统发育树。

2. 禾谷镰刀菌孢子液的制备

活化禾谷镰刀菌并转接至多个 PDA 平板，28℃培养 3～5 天，待 PDA 平板中禾谷镰刀菌菌丝扩散至平板的 3/4，用直径为 8mm 的打孔器打孔形成菌碟，加入绿豆培养基中培养，每 100mL 培养基接种 5 个菌碟，25℃光照培养 4～5 天，双层灭菌纱布过滤。4℃冰箱保存。

3. 拮抗菌的拮抗谱

选取实验室保存的 8 种常见植物病原真菌作为标靶，用平板对峙培养法测定拮抗菌的抑菌作用。在 PDA 平板中央接种病原菌，25℃培养 3 天进行活化，打孔转接至 PDA 平板中央，同时在距离中央 2. 5cm 左右位置用牙签点接待测拮抗菌，每个菌株点 4 个点，以不接任何拮抗菌菌株的平板作为对照，28℃条件下培养 3～4 天，观察产生的抑菌圈，并测定病原真菌菌落直径，计算抑制率。

$$抑制率（\%）=\frac{对照菌落直径-处理菌落直径}{对照菌落直径}\times 100\%$$

4. 麦粒防治试验

以无病害的小麦粒配制小麦培养基，在不同孢子液浓度、不同培养时间下对比拮抗菌的抑菌效果。FZB42 是实验室保存一株解淀粉芽孢杆菌，是已被报道的拮抗效果较好的禾谷镰刀菌拮抗菌，同时对比本实验筛选的拮抗菌与 FZB42 的抑菌效果。

（1）取适量的不具有赤霉病抗性的小麦品种，用纯水浸泡 2 天后沥干水，称取 150g 装入灭菌袋中，121℃灭菌 30min，灭菌两次，冷却后待用。

（2）将供试拮抗菌划线后以单菌落接种于 100mL 的 LB 培养基，30℃培养 24h，用新鲜的 LB 调节拮抗菌培养液的 OD_{600}＝2.0，取 10mL 菌液均匀加入灭菌小麦粒中，充分摇匀，使菌液与麦粒能充分接触，取 5g 平铺在一次性培养皿中，30℃保持 24h，每个拮抗菌接种 9 个培养品，以等量无菌水作为对照。

（3）把禾谷镰刀菌孢子液适当稀释，得到孢子液终浓度为 1 000、100、10 个/mL。将每个拮抗菌的 9 个培养皿分成 3 份，分别在已经接种了拮抗菌菌液的麦粒加入 1mL 孢子液，每个浓度重复 3 次。对照组也分为 3 个浓度，各浓度重复 3 次。将培养皿中麦粒充分晃动，混匀，28℃培养 5、10、15、20、30 天后观察抑菌效果，记录禾谷镰刀菌生长情况。根据禾谷镰刀菌菌丝覆盖麦粒表面的 25％、50％、75％、100％，将其生长情况分为 4 个等级。

（三）数据分析

抑菌圈直径采用十字交叉法测量，每个试验 3 次重复，采用平均值±标准误差，用 SPSS（18.0）软件对数据进行分析处理。

二、结果与分析

（一）拮抗菌的鉴定

1. 拮抗菌形态和生理生化指标

将 7F1 和 7M1 菌种送至中国科学院微生物研究所，依照《常见细菌系统鉴定手册》实验得到两株菌细胞形态和生理生化特征见表 2-4 和表 2-5。

2. 菌株总 DNA

提取菌株 7F1 和 7M1 基因组总 DNA 如图 2-1 所示，条带大小都在 19 000bp，在后续试验中可以用提取的总 DNA 为模板进行 PCR 检测。

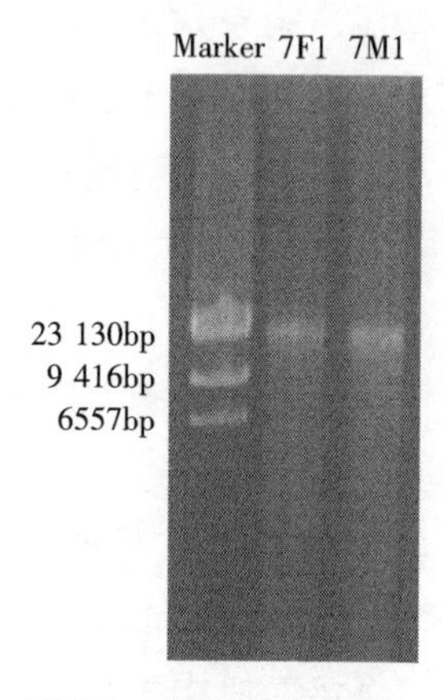

图 2-1 菌株 7F1 和 7M1 基因组总 DNA

3. 16S rDNA 基因鉴定结果

通过对菌株 7F1 和 7M1 的 16S rDNA基因进行 PCR 扩增，分别得到 1 239bp 和 1 458bp 的基因片段，与 GenBank 数据库中的序列进行 BLAST，并利用 MEGA 软件构建得到系统发育树，结果如图 2-2 和图 2-3 所示，与 7F1 相似性最高的类群为 *Paenibacillus polymyxa*，相似性达到 99%；与 7M1 相似性最高的类群为 *Bacillus amyloliquefaciens*，相似性达 98%。

表 2-4　7F1 的细胞形态和生理生化特征

实验项目	结果	实验项目	结果	实验项目	结果	实验项目	结果
细胞形态	杆状	革兰氏染色	+	50℃生长	-	VP 实验	-
氧化酶	-	接触酶	+	硝酸盐还原	+	淀粉水解	+
β-半乳糖苷酶	+	形成芽孢	+	柠檬酸利用	-	酪素水解	+
Biolog GEN III（生长实验）							
阴性对照	-	α-D-葡萄糖	+	明胶	-	p-羟基苯乙酸	-
糊精	+	D-甘露糖	-	甘氨酸-L-脯氨酸	-	丙酮酸甲酯	-
D-麦芽糖	-	D-果糖	+	L-丙氨酸	-	D-乳酸甲酯	-
D-海藻糖	-	D-半乳糖	+	L-精氨酸	-	L-乳酸	-
龙胆二糖	-	D-岩藻糖	-	L-天冬氨酸	-	柠檬酸	-
3-甲基-D-葡萄糖	-	L-岩藻糖	-	L-谷氨酸	-	α-酮戊二酸	-
果胶	+	L-鼠李糖	-	L-组氨酸	-	D-苹果酸	-
吐温 40	-	肌苷	-	L-焦谷氨酸	-	L-苹果酸	-
水苏糖	-	D-山梨醇	-	L-丝氨酸	-	溴代丁二酸	-
D-棉子糖	-	D-甘露醇	-	D-半乳糖醛酸	-	γ-氨基丁酸	-
α-D-乳糖	-	D-阿糖醇	-	L-半乳糖酸内酯	-	α-羟丁酸	-

（续）

实验项目	结果	实验项目	结果	实验项目	结果	实验项目	结果
Biolog GEN III（生长实验）							
D-蜜二糖	+	肌醇	-	D-葡糖酸	-	β-羟基-D，L-丁酸	-
D-水杨苷	+	甘油	-	D-葡萄糖醛酸	-	α-丁酮酸	-
N-乙酰-D-葡糖胺	-	D-葡糖-6-磷酸	-	葡糖醛酰胺	-	乙酰乙酸	-
N-乙酰-β-D-甘露糖胺	-	D-果糖-6-磷酸	-	粘酸	-	丙酸	-
N-乙酰-D-半乳糖胺	-	D-天冬氨酸	-	奎宁酸	-	乙酸	-
N-乙酰神经氨酸	-	D-丝氨酸	-	糖质酸	-	甲酸	-
D-纤维二糖	w	β-甲基-D-葡糖苷	w	松二糖	w	蔗糖	w
Biolog GEN III（化学敏感实验；+：不敏感；-：敏感）							
阳性对照	+	1% 乳酸钠	+	林可霉素	-	萘啶酸	-
pH 6.0	+	夫西地酸	-	盐酸胍	-	氯化锂	+
pH 5.0	-	D-丝氨酸	-	十四烷硫酸钠	-	亚碲酸钾	+
1% NaCl	+	醋竹桃霉素	-	万古霉素	-	氨曲南	-
4% NaCl	+	利福霉素 SV	+	四唑紫	-	丁酸钠	+
8% NaCl	-	二甲胺四环素	-	四唑蓝	-	溴酸钠	-

表 2-5　7M1 的细胞形态和生理生化特征

实验项目	结果	实验项目	结果	实验项目	结果	实验项目	结果
细胞形态	杆状	革兰氏染色	+	50℃生长	-	产生芽孢	+
氧化酶	+	接触酶	+	硝酸盐还原	+	淀粉水解	+
VP 实验	+	精氨酸双水解酶	+	柠檬酸利用	-	酪素水解	+
Biolog GEN III（生长实验）							
阴性对照	-	a-D-葡萄糖	+	明胶	+	D-麦芽糖	-
D-葡糖-6-磷酸	-	D-甘露糖	+	α-D-乳糖	-	丙酮酸甲酯	-
D-果糖-6-磷酸	-	D-果糖	+	L-丙氨酸	+	D-乳酸甲酯	-
D-海藻糖	+	D-半乳糖	-	L-精氨酸	-	L-乳酸	+
D-纤维二糖	-	D-棉籽糖	-	L-天冬氨酸	+	柠檬酸	+
D-半乳糖醛酸	-	D-岩藻糖	-	L-谷氨酸	+	α-酮戊二酸	-
L-半乳糖酸内酯	-	L-岩藻糖	-	L-组氨酸	+	D-苹果酸	-
3-甲基-D-葡萄糖	-	L-鼠李糖	-	L-焦谷氨酸	-	L-苹果酸	+
甘氨酸-L-脯氨酸	-	肌苷	-	L-丝氨酸	-	溴代丁二酸	-
D-葡萄糖醛酸	-	D-山梨醇	+	果胶	-	吐温 40	-
β-羟基-D，L-丁酸	-	D-甘露醇	+	松二糖	-	γ-氨基丁酸	-

（续）

实验项目	结果	实验项目	结果	实验项目	结果	实验项目	结果
Biolog GEN III（生长实验）							
P-羟基苯乙酸	-	D-阿糖醇	-	水苏糖	-	α-羟丁酸	-
β-甲基-D-葡糖苷	+	肌醇	-	D-葡糖酸	-	糊精	-
D-水杨苷	-	甘油	+	D-蜜二糖	-	α-丁酮酸	-
N-乙酰-D-葡糖胺	+	龙胆二糖	+	葡糖醛酰胺	-	乙酰乙酸	-
N-乙酰-β-D-甘露糖胺	-	蔗糖	+	粘酸	-	丙酸	-
N-乙酰-D-半乳糖胺	-	D-天冬氨酸	-	奎宁酸	-	乙酸	-
N-乙酰神经氨酸	-	D-丝氨酸	-	糖质酸	-	甲酸	-
Biolog GEN III（化学敏感实验；+：不敏感；-：敏感）							
阳性对照	+	1% 乳酸钠	+	林可霉素	-	萘啶酸	-
pH 6.0	+	夫西地酸	-	盐酸胍	-	氯化锂	+
pH 5.0	+	D-丝氨酸	-	十四烷硫酸钠	-	亚碲酸钾	+
1% NaCl	+	醋竹桃霉素	-	万古霉素	-	氨曲南	-
4% NaCl	+	利福霉素 SV	+	四唑紫	-	丁酸钠	+
8% NaCl	+	二甲胺四环素	-	四唑蓝	-	溴酸钠	-

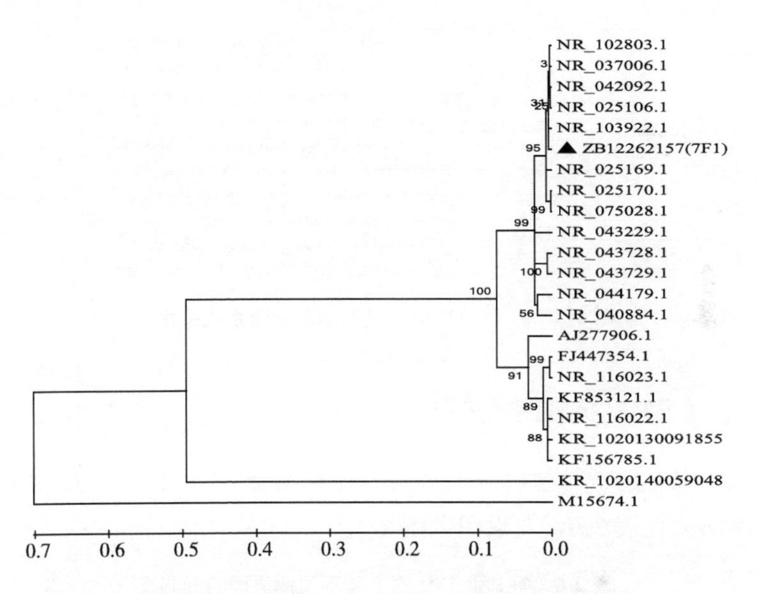

图 2-2　基于菌株 7F1 16S rDNA 的系统发育树

NR _ 102803. 1：*Paenibacillus polymyxa*；NR _ 042092. 1：*Paenibacillus peoriae*；NR _ 037006. 1：*Paenibacillus polymyxa*；NR _ 103922. 1：*Paenibacillus polymyxa*；NR _ 025169. 1：*Paenibacillus kribbensis*；NR _ 025170. 1：*Paenibacillus rerrae*；NR _ 075028. 1：*Paenibacillus rerrae*；NR _ 044179. 1：*Paenibacillus provencensis*；NR _ 040884. 1：*Paenibacillus illinoisensis*；NR _ 043728. 1：*Paenibacillus forsythiae*；NR _ 043229. 1：*Paenibacillus woosongensis*；NR _ 043729. 1：*Paenibacillus sabinae*；KR1020140059048：*Bacillus amyloliquefaciens*；KR1020130091855：*Bacillus amyloliquefaciens*；NR _ 116022. 1：*Bacillus amyloliquefaciens*；KF156785. 1：*Bacillus amyloliquefaciens*；M15674. 1：*Bacillus amyloliquefaciens*；FJ447354. 1：*Bacillus licheniformis*；NR _ 116023. 1：*Bacillus licheniformis*；AJ277906. 1：*Bacillus subtilis*；KF853121. 1：*Bacillus subtilis*

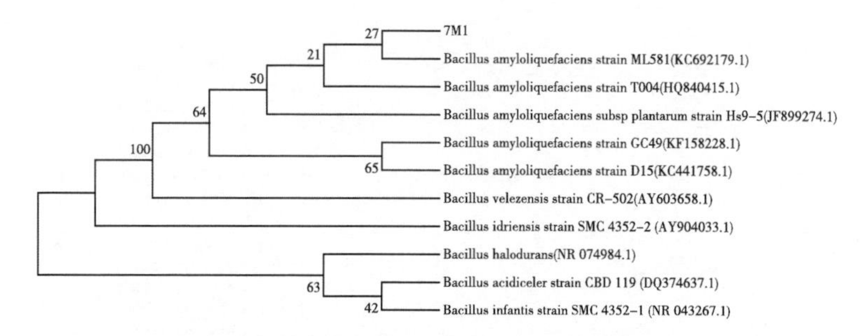

图 2-3　菌株 7M1 的 16S rDNA 基因系统进化树

（二）拮抗菌的拮抗谱

以 8 种常见植物病原菌为标靶，得到 7F1 和 7M1 的抑菌率结果见表 2-6，效果图见图 2-4。

表 2-6　7F1 和 7M1 对 8 种不同病原菌的抑制率

菌株	抑制率（%）± 标准差	
	7F1	7M1
木贼镰刀菌（*Fusarium equiseti*）	38.45±2.03	35.29±0.83
轮枝镰刀菌（*Fusarium verticillioides*）	68.44±0.36	54.41±1.66
半裸镰刀菌（*Fusarium semifectum*）	41.32±2.23	45.71±0.59
禾谷镰刀菌（*Fusarium graminearum*）	73.09±2.94	57.32±0.63
胶孢炭疽菌（*Colletotrichum gloeosporioides*）	71.22±3.94	51.47±1.18
层出镰刀菌（*Fusarium proliferatum*）	68.17±0.84	28.57±1.52
尖孢镰刀菌（*Fusarium oxysporum*）	28.25±3.55	17.39±1.92
雪腐镰刀菌（*Fusarium nivale*）	30.25±2.23	29.82±1.08

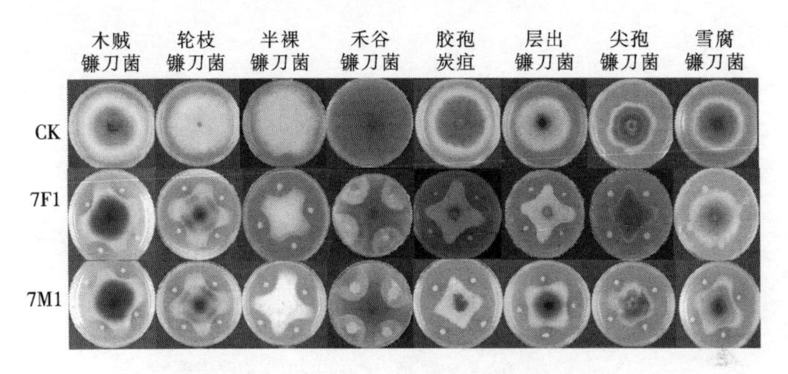

图 2-4　7F1 和 7M1 对病原真菌的拮抗作用

(三) 拮抗菌在麦粒中的防治效果

试验测定了不同孢子接种浓度、不同培养时间情况下，小麦培养基上 7F1 和 7M1 对禾谷镰刀菌的抑菌效果，分别与接种等量无菌水和已报道的 FZB42 做比较得到的结果如图 2-5，从图 2-5 中可以得到低、中、高 3 种不同浓度孢子液接种浓度下 3 株拮抗菌的抑菌效果。

低浓度组的试验中发现在培养 10 天后，对照组禾谷镰刀菌开始生长，此时实验组拮抗菌均能抑制禾谷镰刀菌的生长，抑制效果持续到培养 15 天。培养 20 天后，接种了拮抗菌 7F1 的实验组出现菌丝，7M1 和 FZB42 均能很好地抑制禾谷镰刀菌生长。培养 30 天时，对照组中菌丝已经覆盖了整个小麦培养基表面，此时，7F1、7M1 和 FZB42 都出现菌丝，但在一定程度上控制了禾谷镰刀菌的生长；中浓度组的试验中发现在培养 5 天后，对照组已有菌丝生长。培养 10 天时，实验组均无禾谷镰刀菌生长，3 株拮抗菌都能很好地抑制禾谷镰刀菌。培养 15 天时，接种了 7F1 的实验组菌丝开始生长，并开始蔓延，

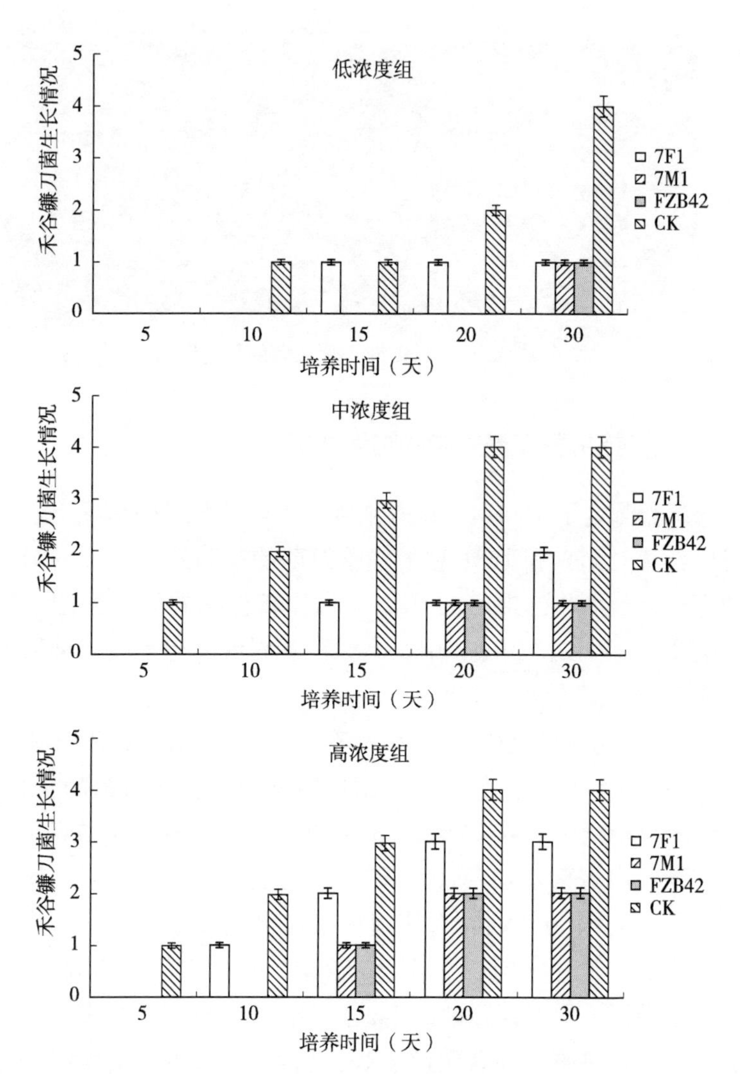

图 2-5　麦粒中 7F1、7M1 和 FZB42 对禾谷镰刀菌的抑菌作用

到培养 30 天时，7F1 只能在一定程度上控制菌丝的生长，而接种了 7M1 和 FZB42 的实验组能持续发挥对禾谷镰刀菌的抑制作用；高浓度组中，对照组禾谷镰刀菌在培养 5 天时就已开始生长蔓延，并在培养 20 天时就已覆盖整个小麦培养基表面。接种了 7F1 的实验组在培养 10 天时开始生长禾谷镰刀菌，在培养 20 天时，能在一定程度上控制菌丝生长，但到了培养 30 天时观察，发现菌丝已覆盖麦粒表面，与对照组菌丝生长无异，培养 30 天内，7M1 和 FZB42 能均持续抑制禾谷镰刀菌生长。培养 30 天后低浓度组 3 株拮抗菌的抑菌效果见图 2-6。

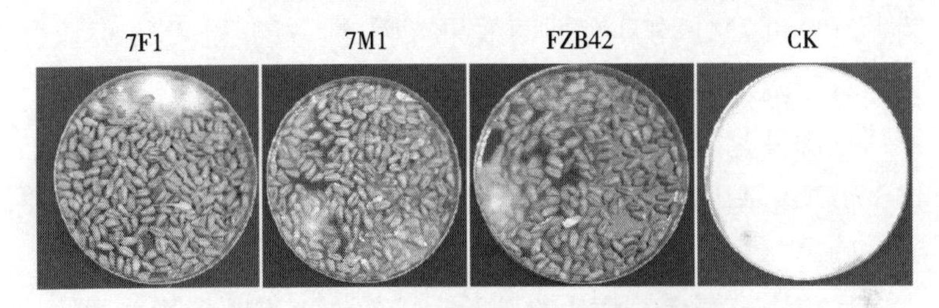

图 2-6　培养 30 天后低浓度组 3 株拮抗菌抑菌效果

从上述实验结果可以得出，在不同孢子液接种浓度下，7M1 和 FZB42 均能抑制禾谷镰刀菌生长，且抑制效果持久；7F1 在短期内能抑制禾谷镰刀菌的生长，抑制的时间随着孢子液浓度的升高而减少。

三、小结

本研究以 7F1 和 7M1 两株菌进行鉴定和拮抗效果的研究，按照菌落形态、生理生化特点及基于 16S rDNA 基因构建系统发育树，对两株拮抗菌进行菌种鉴定，7F1 被鉴定为多黏类芽孢杆菌（*Paenibacillus polymyxa*），7M1 被鉴定为解淀粉芽孢杆菌（*Bacillus amyloliquefaciens*）。

为进一步验证两株拮抗菌在小麦粒上能否抑制禾谷镰刀菌的生长，以及对其他植物病害病原菌能否同时起到防治的效果，扩大生防菌的防治范围，试验测定了 7F1 和 7M1 在不同孢子浓度、不同培养时间下对禾谷镰刀菌的抑制作用，并与一株已报道的拮抗菌 FZB42 做比较，结果显示 7M1 和 FZB42 能很好地抑制禾谷镰刀菌生长且抑制效果持久，而 7F1 只能在短期内对禾谷镰刀菌起抑菌作用。对于 8 种常见的植物病原菌，7F1 和 7M1 均具有抑菌效果。因此，7F1 和 7M1 可以作为拥有广阔发展应用前景的拮抗菌进行深入研究。

在菌种鉴定方面采用综合考虑菌落形态、生理生化特征、16S rDNA 基因的方式，能将拮抗菌区分到菌种，鉴定结果更为准确。

目前，小麦赤霉病生物防治遇到的一大难题是筛选到的拮抗菌在实际田间试验时起到的效果与实验室平板上表现的不一致，田间试验的过程复杂且耗时长。本研究测定在小麦培养基上接种拮抗菌，观察拮抗菌在不同孢子接种浓度、不同培养时间后对禾谷镰刀菌的抑制效果，与普通的田间试验相比较，耗时较短，试验结果可为拮抗菌的田间试验提供更可信的理论依据。本实验研究了拮抗菌对除小麦赤霉病病原菌以外其他常见病原菌的抑菌作用，可以扩大拮抗菌的防治范围，为拮抗菌对植物病害防治提供了更好的选择。

第三章 7F1产拮抗物的提取及稳定性研究

响应面法是一种有效的数据分析方法，主要用于工艺条件的优化，响应面法的主要优点是可以减少实验的次数，常用的模型是Box-Behnken。为了使7F1产的拮抗物活性达到最大水平，通过单因素实验选择了培养温度、初始pH和培养时间3个条件进行优化；并对离心后的胞外提取物、周质空间和胞内提取物的拮抗活性进行测定，从而对拮抗物质进行定位；为了明确拮抗物质的特性，分别采用乙酸乙酯萃取和硫酸铵盐析两种方法处理；在提取拮抗物后进行稳定性分析，包括温度、pH、蛋白酶和紫外线对拮抗物的影响。

一、试验材料与方法

（一）供试菌株

7F1：由本实验室自行分离保存；禾谷镰刀菌GZ3639：实验室保藏菌株。

（二）培养基

LB培养基（液体培养基：蛋白胨10g/L，酵母浸膏5g/L，NaCl 10g/L，pH 7.0；固体培养基：固体培养基加琼脂15g/L）用于*Paenibacillus polymyxa* 7F1的培养。

PDA培养基（去皮马铃薯200g、葡萄糖20g、琼脂20g）用于禾谷镰刀菌GZ3639的培养及拮抗菌活性测定。

（三）仪器与设备

表3-1 主要仪器与设备

仪器设备名称	型 号	生产厂家
恒温冷冻振荡器	DHZ-D	太仓市实验设备厂
隔水式恒温培养箱	GNP-9080BS-Ⅲ	上海新苗医疗器械制造有限公司
超级洁净工作台	DL-CJ-2N	北京东联哈尔仪器制造有限公司
高速冷冻离心机	Kendro D-37520	德国Sorvall-Heraeus公司
超声波细胞破碎仪	VCX500	美国Sonics&Materials公司
紫外可见光分光光度计	Lambda 25	美国Perkin Elmer公司
冷冻干燥机	Alpha1-2Lopius	德国Christ公司

（四）主要试剂

表3-2 主要试剂

试剂名称	等 级	生产公司
胰蛋白酶		Difco
蛋白酶K		Merck
胃蛋白酶		Amresco
KCl	AR	南京宁试化学试剂有限公司
NaCl	AR	南京宁试化学试剂有限公司
$Na_2HPO4.H_2O$	AR	上海久亿化学试剂有限公司
KH_2PO_4	AR	成都市科龙化工试剂厂

透析袋的处理：将透析袋剪成10～20cm，放在2%（W/V）$NaHCO_3$、1mM EDTA（pH8.0）溶液中煮沸10min，取出透析袋，用蒸馏水彻底冲洗，然后在1mM EDTA溶液中（pH 8.0）煮沸10min，让透析袋自然冷却，4℃贮存（注意贮存期间，应始终让透析袋浸入溶液，以防干燥）。使用前，用蒸馏水充分冲洗透析袋的内外壁。

50mM PBS缓冲液（pH6.8）：称取0.2g KCl、8g NaCl、3.63g $Na_2HPO_4 \cdot H_2O$、0.24g KH_2PO_4 溶于大约800mL双蒸水中，调pH7.0，最后定容至1L，121℃ 15min灭菌后常温保存。

（五）试验方法

1. 菌种活化及生长曲线、抑菌曲线测定

将保藏的7F1菌株划线于LB固体培养基上37℃培养24h，然后用接种环取已经活化的7F1于LB液体培养基中，37℃振荡培养（200r/min）8h作为种子液。以1%接种量转接至LB液体培养基中，37℃振荡培养（200r/min），每隔2h测定一次OD_{600}值，直至OD_{600}值稳定。采用下列拮抗物质抑菌效果测定所述方法测定菌株不同生长时期的抑菌活性，然后做7F1菌株的生长曲线和抑菌活性曲线。

2. 拮抗物质的提取

（1）有机溶剂萃取　取100mL发酵培养液，10 000r/min离心20min，上清冷冻干燥后分别溶于40mL正丁醇、甲醇、乙酸乙酯，超声波辅助提取15min（40Hz，200w），然后旋转蒸发溶于1mL无菌水，测定抑菌效果。

（2）硫酸铵盐析　取100mL发酵培养液，10 000r/min离

心 20min，上清在冰浴中缓慢加入硫酸铵至 60%饱和度，置于 4℃冰箱中过夜，10 000r/m 离心 20min，弃去上清，用磷酸缓冲液（pH6.8）将沉淀悬浮，悬浮液装入透析袋中（截留量 8 000～14 000D）4℃充分去盐后冷冻干燥，溶于 1mL 无菌水测定抑菌效果。

3. 拮抗物质抑菌效果测定

采用牛津杯法测定：在 PDA 培养基上均匀涂布指示菌孢子液，放置灭过菌的牛津杯（直径 6mm），加入 20μL 拮抗物质，30℃培养 48h，观察结果，测量拮抗圈直径（拮抗圈直径/mm＝总直径/mm－牛津杯直径/mm），每个实验重复 3 次，以未接菌相同方法处理的培养液作为空白对照。

4. 单因素试验

在确定培养基为 LB 的条件下，基本发酵条件为培养温度 37℃，初始 pH7.0，培养时间 8h，以拮抗圈为指标，改变1 个因素的水平，其他因素水平不变，考察培养温度，初始 pH 和培养时间对拮抗效果的影响。其中培养温度为 31、34、37、40、43℃，初始 pH5.0、6.0、7.0、8.0、9.0，培养时间为 4、6、8、10、12h。每个实验重复 3 次。

5. 响应面试验设计

在单因素试验的基础上，综合考虑发酵过程中各个因素对 7F1 产拮抗物活性的影响，采用统计分析软件 Design-Expert8.0 建立三因素三水平的 Box-Behnken 模型，通过试验确定优化发酵条件。以拮抗圈直径（Y）为响应值，培养温度（X_1）、初始 pH（X_2）、培养时间（X_3）为自变量，因素编码水平见表 3-3。

表 3-3　响应面试验因素水平编码值

因素	名　称	编码水平		
		−1	0	1
X_1	培养温度（℃）	34	37	40
X_2	初始 pH	6.0	7.0	8.0
X_3	培养时间（h）	6	8	10

6. 7F1 产拮抗物质的定位

根据优化的条件培养 *Paenibacillus polymyxa* 7F1 得到发酵液，采用渗透冲击法进行提取：先取发酵液室温离心（8 000r/min，5min），上清液（S1）冻存；沉淀（P1）10mL（pH6.8）50mmol/L PBS 重悬，离心（4℃，8 000r/min，10min），洗涤 2 次，上清液（S2）冻存；沉淀（P2）以 10mL，25%蔗糖溶液重悬，于 25℃振荡 10min，离心（4℃，12 000r/min，15min），上清液（S3）冻存；沉淀（P3）加冷的双蒸水重悬，在冰水浴中振荡 10min，离心（4℃，12 000 r/min，15min），上清液（S4）冻存；沉淀（P4）重悬于 10mL（pH6.8）50mmol/L PBS 中，在冰浴中超声波破碎 1min，重复 5 次，间隔 1min，再离心（4℃，15 000r/min，20min），上清液（S5）冻存，沉淀（P5）弃去，将 S1、S2 和 S3 合并，即为胞外提取液，S4 为膜周质提取液，S5 为膜内提取液。取 3 种提取液，按照以上拮抗物质抑菌效果测定方法测定不同处理样品的抑菌活性，从而得知拮抗物在细胞中的分布情况。

7. 拮抗物质稳定性的测定

（1）对热的稳定性　将经过硫酸铵沉淀的粗提液分别在 40、50、60、70、80、90、100℃不同温度条件下水浴处理

30min，在120℃的灭菌锅中静置30min，以未经温度处理的粗提液作为对照，测定经过不同温度处理的粗提液的抑菌活性，每个处理重复3次。

（2）对蛋白酶的稳定性　取3份经过硫酸铵沉淀的2mL粗提液，分别加入1mg/mL的胰蛋白酶、胃蛋白酶、蛋白酶K溶液20μL，37℃水浴处理60min，采用牛津杯法测定处理后的粗提液的抑菌活性，以加入20μL PBS缓冲液（pH 6.8）处理的粗提溶液作为对照，每个处理重复3次。

（3）对pH的稳定性　将经过硫酸铵沉淀的粗提溶液分别调pH2.0、3.0、4.0、5.0、6.0、7.0、8.0、9.0、10.0、11.0，处理12h后调节pH至中性，以未经处理的粗提溶液为对照，采用牛津杯法，测定不同的pH处理后的粗提液的抑菌活性，每个处理重复3次。

（4）对紫外线的稳定性　将经过硫酸铵沉淀的粗提液置于30W紫外光下，距离30cm，照射0.25、0.5、1、1.5、2h，以不用紫外光照射的粗提液为对照，采用牛津杯法，取20μL检测其抑菌活性。

（六）数据分析

抑菌圈直径采用十字交叉法测量，每个试验3次重复，采用平均值±标准误差，用SPSS（18.0）软件对数据进行分析处理。

二、结果与分析

（一）7F1生长曲线和抑菌曲线

7F1的生长曲线如图3-1所示，2～12h是7F1的对数生长期，其中2～4h是对数生长初期，4～10h是对数生长中期，10～12h是对数生长末期，12h之后曲线平稳，进入生长稳定期，26h之后进入衰亡期。培养时间对菌株产生抗生素的抑菌效果有很大的影响，随着菌株的生长，抑菌圈直径逐渐增加，在14h达到最大值；随着时间的延长，抑菌圈逐渐减小。由此可见，抗生素主要在菌体生长的对数阶段；在生长后期抑菌活性下降可能是因为培养时间过长使部分抗生素失活或者被菌体吸附。

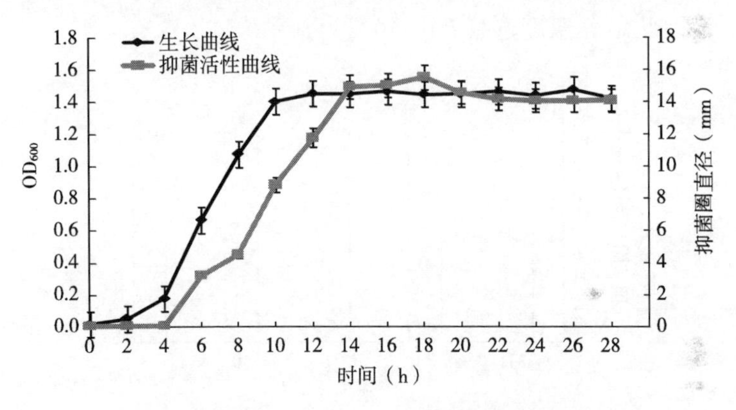

图3-1　菌株7F1生长曲线和抑菌活性曲线

（二）7F1的抑菌效果

7F1发酵培养液抑菌活性测定结果如图3-2所示，与对照相比，样品作用于禾谷镰刀菌均有明显的抑菌圈，说明7F1可以产生拮抗物，对禾谷镰刀菌具有较好的拮抗作用。

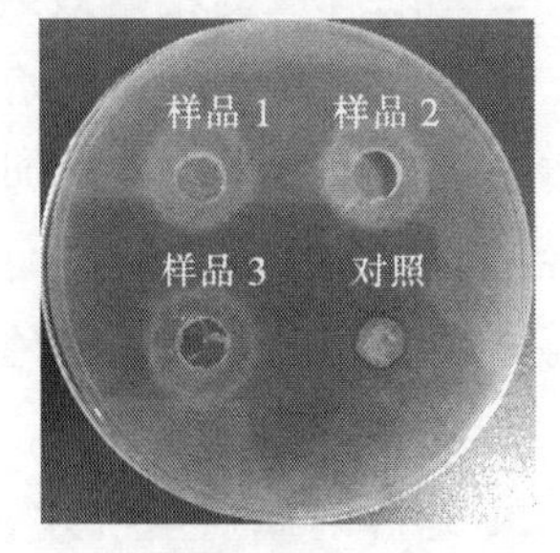

图3-2　菌液对禾谷镰刀菌的抑菌效果

（三）单因素试验结果

1. 培养温度对拮抗效果的影响

从图 3-3 可以看出，在温度 31～43℃范围内，抑菌圈直径随着温度的升高而增加；在低于 37℃时，抑菌圈直径增加明显，而在高于 37℃时，抑菌圈直径没有显著增加，而且在 43℃时有下降的趋势，可能是拮抗物在温度较高时会部分失活，因此培养温度选择 34～40℃为宜。

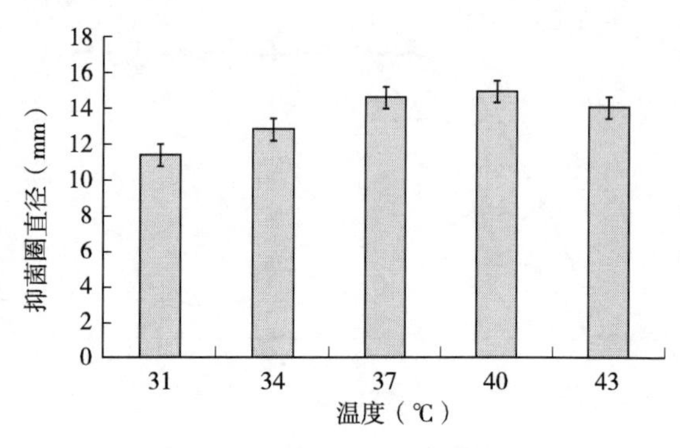

图 3-3　温度对拮抗效果的影响

2. 初始 pH 对拮抗效果的影响

由图 3-4 可知，在初始 pH5.0～9.0 范围内，抑菌圈直径随着初始 pH 的升高而增加，在初始 pH 高于 7.0 后，抑菌圈直径随着初始 pH 的升高而降低，这可能是因为在强酸条件和强碱条件下，蛋白质中的氢键断裂，破坏了蛋白质的分子结构，使之失去活性。因此，选择初始 pH6.0～8.0 较好。

3. 培养时间对拮抗效果的影响

由图 3-5 可知，随着培养时间的延长，抑菌圈直径逐渐增大，其中在 8h 内，抑菌圈直径显著增大，而在 8h 后，抑菌圈

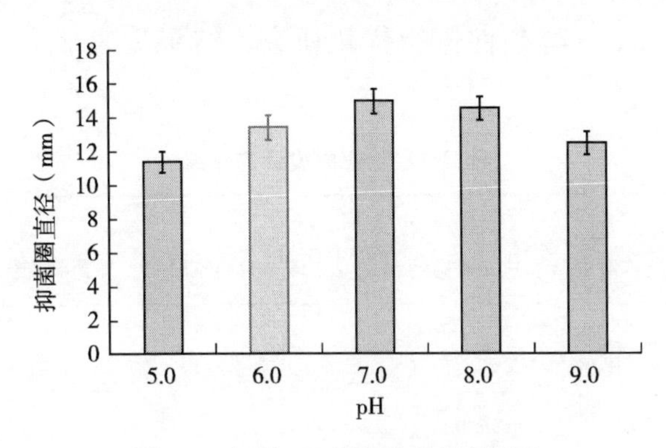

图 3-4 初始 pH 对拮抗效果的影响

直径基本保持不变，已经趋于稳定，说明该菌发酵产生的拮抗物已达到最高值，而且培养时间过长会使部分拮抗蛋白失活，所以综合考虑，选择培养时间 6～10h。

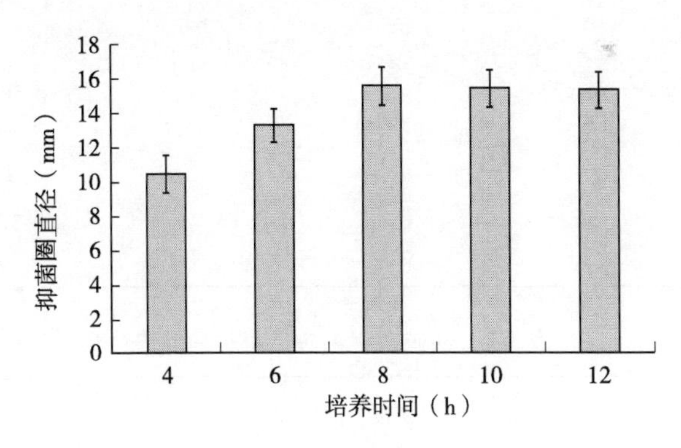

图 3-5 培养时间对拮抗效果的影响

（四）响应面优化试验结果

1. 回归模型的建立及方差分析

按照表 3-3 设计的因素水平，采用 Box-Behnken 试验设计，对 7F1 发酵条件进行优化研究，结果见表 3-4、表 3-5、表 3-6。

表 3-4　响应面设计与结果

序号	X_1 培养温度（℃）	X_2 初始 pH	X_3 培养时间（h）	Y 抑菌圈直径（mm）
1	1	0	−1	14.63
2	0	1	1	15.16
3	0	0	0	14.45
4	1	−1	0	14.35
5	0	0	0	14.84
6	−1	0	−1	9.73
7	0	1	−1	15.27
8	−1	0	1	11.42
9	1	0	1	15.36
10	0	0	0	14.61
11	1	1	0	16.46
12	−1	1	0	13.45
13	0	−1	−1	11.43
14	−1	−1	0	8.37
15	0	−1	1	12.24

表 3-5　回归方程系数显著性检验表

方差来源	平方和	自由度	均方	F	P 值
模型	72.85	9	8.09	101.15	<0.000 1
残差	0.40	5	0.080		
失拟项	0.32	3	0.11	2.80	0.273 9
纯误差	0.077	2	0.038		
总变异	73.25	14			
$C.V.\%$（变异系数）$=2.09$，$R^2=0.994\ 5$					

表 3-6　响应面模型的方差分析结果

因素	系数回归	自由度	标准误差	F值	P值
截距	16.43	1.00	0.16		
X_1	2.23	1.00	0.10	496.62	<0.000 1
X_2	1.62	1.00	0.10	261.98	<0.000 1
X_3	0.51	1.00	0.10	26.52	0.003 6
X_1X_2	−0.74	1.00	0.14	27.56	0.003 3
X_1X_3	−0.24	1.00	0.14	2.88	0.150 5
X_2X_3	−0.48	1.00	0.14	11.52	0.019 4
X_1^2	−1.23	1.00	0.15	70.14	0.000 4
X_2^2	−0.24	1.00	0.15	2.72	0.159 8
X_3^2	−0.62	1.00	0.15	17.48	0.008 7

表3-5的数据结果显示，R^2（决定系数）为0.994 5，表示该模型能够解释99%的响应值变化，失拟项不显著说明该模型拟合程度良好，试验误差小。模型F值101.15表明本模型显著，由于干扰，只有<0.01%的可能模型中的F值(101.15)会出现，该响应曲面设计模型为显著模型。

从表3-6回归方程系数显著性检验可知，模型一次项X_1、X_2和X_3都极为显著；交互项X_1X_2和X_2X_3显著，X_1X_3不显著；二次项X_1^2和X_3^2显著，X_2^2不显著。各因素对拮抗活性的影响不是简单的线性关系，利用软件对表3-4中的数据进行二元回归分析，得到各因子对抑菌圈直径（Y）影响的二次多项回归模型：

$$Y=-324.92+12.93X_1+16.10X_2+5.88X_3-0.25X_1X_2-0.04X_1X_3-0.24X_2X_3-0.14X_1^2-0.24X_2^2-0.15X_3^2$$

2. 响应面双因素交互分析

二阶回归模型的响应面和等高线图分别见图3-6、图3-7、

图 3-8，通过图 3-8 中因素对响应值的直观分析，可以对两因素间的交互作用进行评价，并根据回归方程求出优化工艺条件。

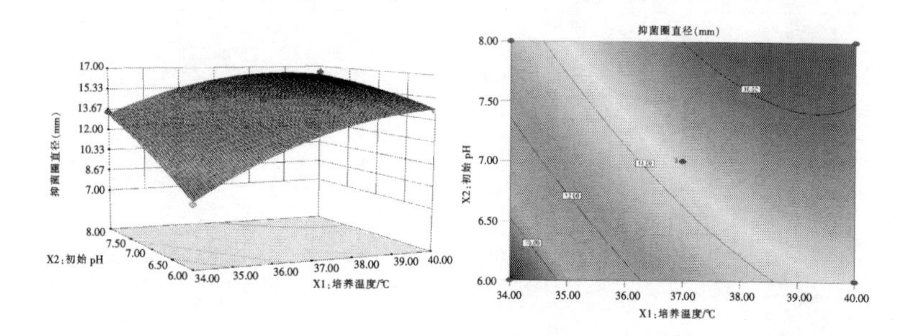

图 3-6　培养温度和初始 pH 对抑菌圈直径的交互作用响应面模型

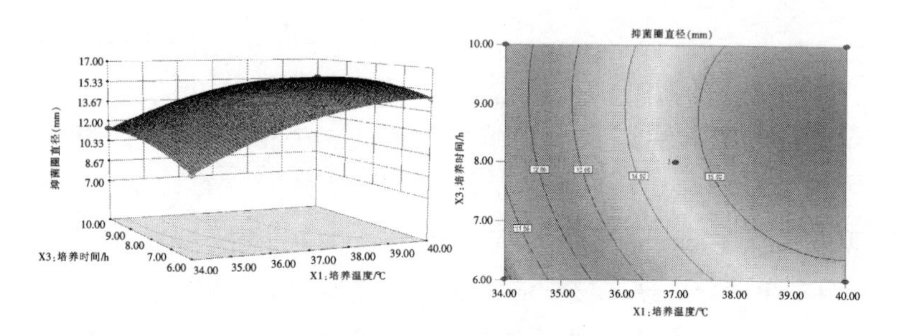

图 3-7　培养温度和培养时间对抑菌圈直径的交互作用响应面模型

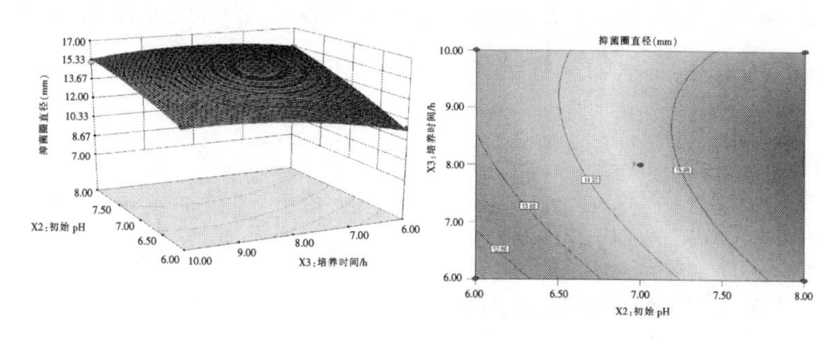

图 3-8　初始 pH 和培养时间对抑菌圈直径的交互作用响应面模型

在培养时间为8h的条件下，培养温度和初始pH的交互作用结果显示最优值分别是培养温度37℃，初始pH7，抑菌圈直径达到最大值14.84mm（图3-6），在培养温度一定的条件下，抑菌圈直径随着pH的增加而增大，当pH接近8时，抑菌圈直径增加缓慢；在pH一定的条件下，抑菌圈的直径随着温度的升高而增大，当温度超过38℃后，继续升高温度，抑菌圈直径呈下降趋势，且后者的下降变化速率比前者上升的变化速率更快。从等高线图可以看出，响应值对培养温度的变化比对初始pH的变化更为敏感，两者的交互作用极为显著。

在pH7的条件下，培养温度和培养时间的交互作用结果显示最优值分别是培养温度37℃、培养时间8h、抑菌圈直径达到最大值14.61mm（图3-7），在培养温度一定的条件下，抑菌圈直径随着培养时间的增加而增大，当培养时间超过8h后，再延长培养时间，抑菌圈直径反而下降，但是后者下降的变化速率比前者上升的变化速率明显要慢；在培养时间一定的条件下，抑菌圈的直径随着培养温度的升高而增大，当温度超过38℃后，继续升高温度，抑菌圈直径呈下降趋势，后者的下降变化速率和前者上升的变化速率相当。从等高线图可以看出，响应值对培养时间的变化比对培养温度的变化更为敏感，但两者的交互作用不显著。

在培养温度为37℃的条件下，初始pH和培养时间的交互作用结果显示最优值分别是初始pH7、培养时间8h、抑菌圈直径达到最大值14.84mm（图3-8），在初始pH一定的条件下，抑菌圈直径随着培养时间的增加而增大，当培养时间超过8h后，再延长培养时间，抑菌圈直径反而下降，但是后者下降的变化速率比前者上升的变化速率明显要慢；在培养时间一定的条件下，抑菌圈的直径随着初始 pH 的升高而增大，当 pH 超过 7 后，继续增加 pH，抑菌圈直径呈下降趋势，后者下降的变化速率比前者上升的变化速率更快。从等高线图可以看出，响应值对培养时间的变化比对初始 pH 的变化更为敏感，两者的交互作用显著。

3. 优化的培养条件

通过 Design expert 8.0 优化的培养条件为：培养温度 38.83℃、初始 pH8.00、培养时间 7.87h，抑菌圈直径最大值为 16.46mm。结合实际情况，可将培养温度 38℃，初始 pH8，培养时间 8h 作为实际操作的工艺参数。

（五）拮抗物的定位

7F1 菌体不同部位抑菌活性测定结果如图 3-9 所示，胞外提取液的抑菌活性最高；其次是周质空间，而胞内提取液几乎没有抑菌活性，说明 7F1 菌体在胞内产生的拮抗物为可溶性物质，而且大部分分泌到了胞外培养液中，由此确定 7F1 产的拮抗物为胞外酶。

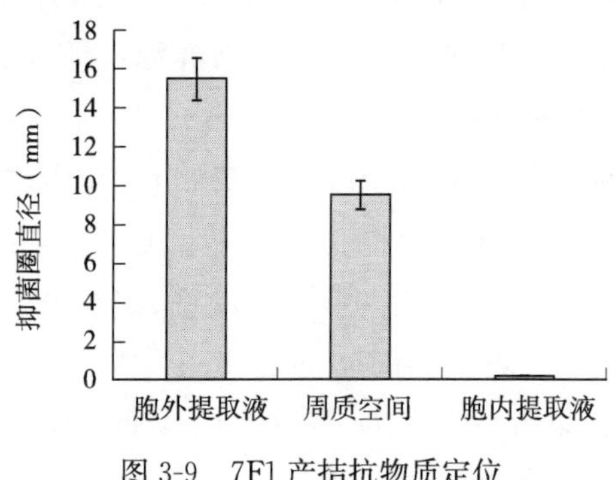

图 3-9　7F1 产拮抗物质定位

（六）菌液上清中拮抗物的分类

1. 有机溶剂萃取物的抑菌效果

甲醇、正丁醇和乙酸乙酯分别是极性较强、中等和较弱的有机溶剂，菌液上清分别经这 3 种有机溶剂萃取后，萃取物抑菌活性测定结果如图 3-10 所示，3 种有机溶剂的萃取物作用于禾谷镰刀菌均没有抑菌圈出现，说明该菌产生的拮抗物质未被提取出来。

2. 硫酸铵盐析沉淀物的抑菌活性

菌液上清硫酸铵盐析沉淀物抑菌活性结果如图 3-11 所示，与对照相比，样品（3 个重复）作用于禾谷镰刀菌均有明显的抑菌圈出现，说明发酵液上清硫酸铵盐析沉淀物对此菌具有较强的拮抗作用，表明 7F1 产生的拮抗物为蛋白类物质。

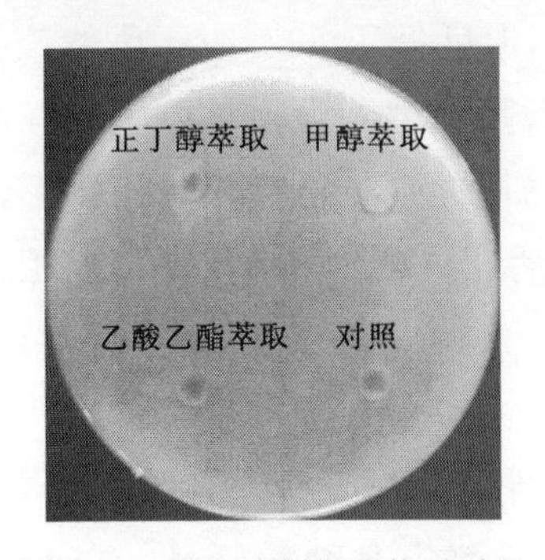

图 3-10　有机溶剂提取物对禾谷镰刀菌的抑菌效果

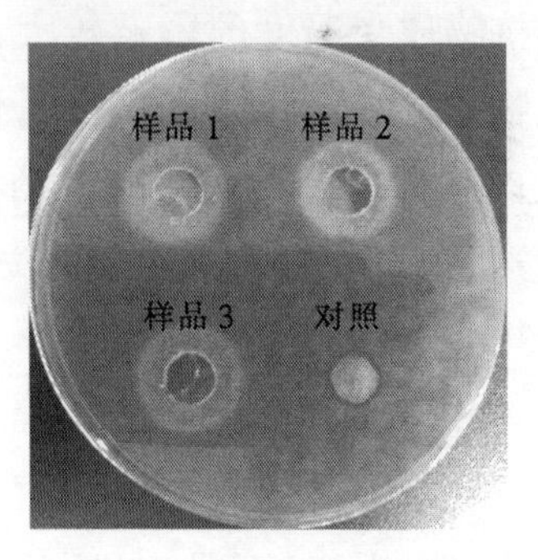

图 3-11　蛋白粗提物对禾谷镰刀菌的抑菌效果

（七）7F1 产拮抗物质的稳定性

1. 对热的稳定性

将经过硫酸铵沉淀的粗提液分别在不同的温度条件下进行

处理，以未经温度处理的粗提液作为对照，不同温度处理的粗提液的抑菌活性如图 3-12 所示。

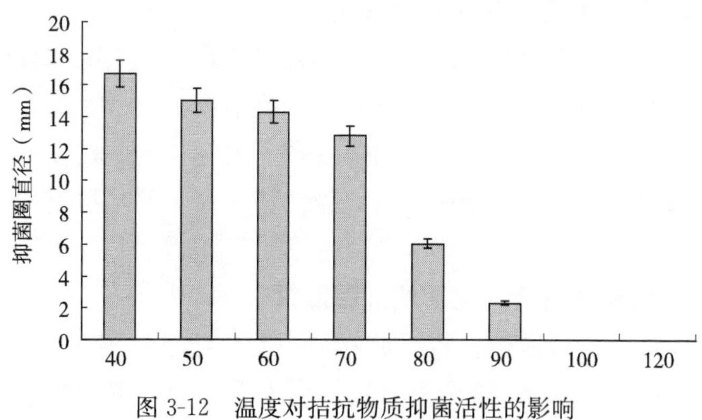

图 3-12　温度对拮抗物质抑菌活性的影响

从图 3-12 可以看出，*Paenibacillus polymyxa* 7F1 产生的拮抗物质受温度的影响较大，当温度低于 80℃时，虽然该拮抗物质拮抗活性有所下降，但下降幅度不大，总体上比较稳定；在温度达到 90℃时，拮抗物质的拮抗活性大幅下降，温度达到 100℃时拮抗物质才失去活性，说明该拮抗物质有很好的热稳定性。

2. 对蛋白酶的稳定性

取 3 份经过硫酸铵沉淀的粗提液分别加入胰蛋白酶、胃蛋白酶、蛋白酶 K 溶液进行处理后测定其抑菌活性，以加入 20μL PBS 缓冲液（pH 6.8）处理的粗提液作为对照，测定结果如图 3-13 所示。

从图 3-13 可以看出，经蛋白酶处理后的粗提液与未经蛋白酶处理的粗提液相比，抑菌活性明显下降，特别是蛋白酶 K 的影响最大，说明该拮抗物质对蛋白酶敏感。

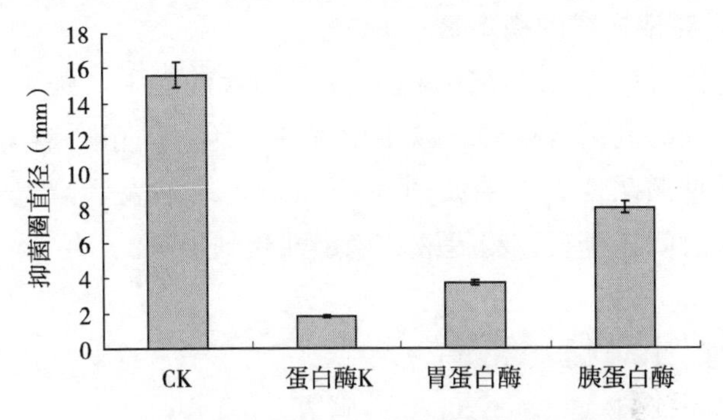

图 3-13 蛋白酶对拮抗物质抑菌活性的影响

3. 对 pH 的稳定性

将经过硫酸铵沉淀的粗提液分别用不同 pH 处理，以未经处理的粗提液为对照，测定不同的 pH 处理后的粗提液的抑菌活性，结果如图 3-14 所示。

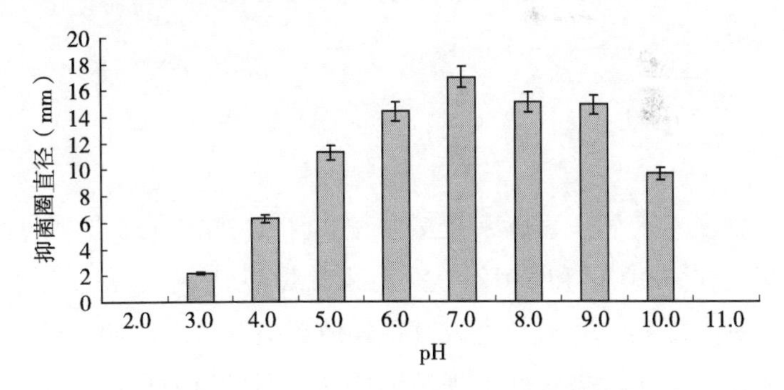

图 3-14 pH 对拮抗物质抑菌活性的影响

从图 3-14 可以看出，拮抗物质的拮抗活性受 pH 的影响很大，该拮抗物质在中性条件下比较稳定，在强酸性和强碱性条件下不稳定，在 pH10.0 以上或者 2.0 以下才失去抑菌活性，说明该拮抗物质的活性 pH 范围很广。

4. 对紫外线的稳定性

将经过硫酸铵沉淀的粗提液置于紫外光下，距离 30cm，照射不同时间进行处理，以不用紫外光照射的粗提液为对照，测定其抑菌活性，结果如图 3-15 所示。结果表示，随着紫外线照射时间的延长，粗提液的稳定性受到影响。

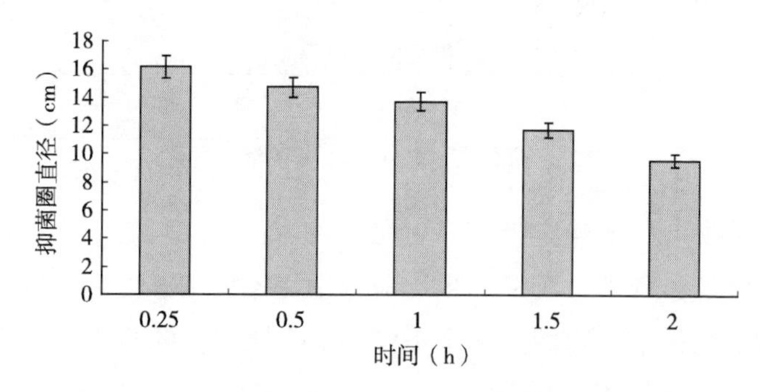

图 3-15　紫外线对拮抗物质抑菌活性的影响

三、小结

小麦赤霉病一直以来是威胁粮食产量和品质的重要病害，尤其是在 2010 年和 2012 年大面积的爆发造成粮食的大量减产，对赤霉病的防治一直没有很好地解决办法。比如，长期使用多菌灵等化学类农药出现了抗药性，到目前为止，还没有对赤霉病完全免疫的品种，因此急需一种能控制赤霉病的替代方法。其中利用生防芽孢杆菌防治植物病害是近年来的发展趋势，芽孢杆菌抗逆性强，对人畜无害，不污染环境，是一种很好的生防菌，在发酵培养时能产生多种拮抗物质，包括有细菌素、抗生素、抗菌蛋白、降解酶类等。本研究从小麦根际土壤中分离筛选到的一株 *Paenibacillus polymyxa* 7F1，所产生的拮抗物对禾谷镰刀菌有很好的抑制作用，且大部分在发酵上清液中，在LB培养基中，*Paenibacillus polymyxa* 7F1产生拮抗物的最适条件为培养温度37℃、初始pH7.0、培养时间9h，通过有机溶剂和硫酸铵盐析对发酵液中的拮抗物进行提取，发现只有硫酸铵盐析出的沉淀有拮抗作用，初步可以断定为蛋白类物质，且大部分存在于细胞外。该拮抗物在40～90℃有活性，具有良好的热稳定性；在蛋白酶K、胃蛋白酶和胰蛋白酶处理后，抑菌活性大大降低；在pH2.0～10.0之间具有抑菌活性；随着紫外照射时间的延长，活性有所降低。本研究对于 *Paenibacillus polymyxa* 7F1产生的拮抗物质的分离、纯化和鉴定等后续工作奠定了理论基础。

第四章　7F1 产拮抗物的分离纯化及表达

解淀粉芽孢杆菌产生的抗菌物质主要有细菌素、细胞壁降解酶（几丁质酶和葡聚糖酶）、脂肽抗生素及一些未鉴定的抗菌蛋白，一般这些抗菌蛋白抗菌谱广、性质稳定、结构比较简单，其中的细胞壁降解酶类是植物病程相关的蛋白，通过破坏病源真菌的细胞壁起到生防作用。几丁质酶是催化几丁质水解生成 N-乙酰葡萄糖胺反应的酶，有内切酶和外切酶两类，内切酶的产物为几丁质 1-4 糖或寡聚几丁多糖，而外切酶的产物为几丁质单糖；葡聚糖酶有 β-1,3-葡聚糖、β-1,4-葡聚糖酶、β-1,6-葡聚糖酶和 endo-(1,3-1,4) -β 葡聚糖酶等，其中 β-1,3-葡聚糖酶活性具有分解真菌细胞壁的作用。还有其他一些的未知抗菌蛋白对革兰氏阳性菌和革兰氏阴性菌具有广谱抗菌活性，需要进一步研究。

本章以 7F1 为研究菌株，对该菌产生的拮抗物质进行提取分离纯化，通过 PCR 扩增纯化蛋白的基因并构建表达载体进行异源表达，再利用 SDS-PAGE 检测重组蛋白并做功能验证。

一、试验材料与方法

（一）菌株及质粒

7F1 由本实验室自行分离保存；其他病原菌如表 4-1 所

示；大肠杆菌感受态 DH5α 和 BL21（DE3）购自 TaKaRa 公司；pMD18-T，pET32a（+）载体购自 TaKaRa 公司。

表 4-1　用于抗菌活性测定的 8 种植物病原菌

菌　　株	来　源	ATCC 编号
木贼镰刀菌（*Fusarium equiseti*）	CGMCC3. 6911	200473
轮枝镰刀菌（*Fusarium verticillioides*）	CGMCC3. 7987	MYA-3629
半裸镰刀菌（*Fusarium semifectum*）	CGMCC3. 6808	62601
禾谷镰刀菌（*Fusarium graminearum*）	CGMCC3. 4733	20329
胶孢炭疽菌（*Colletotrichum gloeosporioides*）	IVFCAASPP08050601	36036
层出镰刀菌（*Fusarium proliferatum*）	CGMCC3. 4741	74275
尖孢镰刀菌（*Fusarium oxysporum*）	CGMCC3. 6855	MYA-3246
雪腐镰刀菌（*Fusarium nivale*）	CGMCC3. 7999	42314

CGMCC：China General Microbiological Culture Collection Center；

IVFCAAS：The Institute of Vegetables and Flowers Chinese Academy of Agricultural Sciences；

ATCC：American Type Culture Collection，Manassas，USA.

（二）仪器与设备

表 4-2　主要仪器与设备

仪器设备名称	型　号	生产厂家
恒温冷冻振荡器	DHZ-D	太仓市实验设备厂
隔水式恒温培养箱	GNP-9080BS-Ⅲ	上海新苗医疗器械制造有限公司
PCR 仪	GeneAmp 9700	美国 ThermoFisher 公司
电泳槽	Mini Protean 3 Cell	美国 Bio-Rad 公司
超级洁净工作台	DL-CJ-2N	北京东联哈尔仪器制造有限公司
高速冷冻离心机	Kendro D-37520	德国 Sorvall-Heraeus 公司
紫外可见光分光光度计	Lambda 25	美国 Perkin Elmer 公司
冷冻干燥机	Alpha1-2Lopius	德国 Christ 公司

（三）主要试剂

表 4-3 主要试剂

试剂名称	生产公司
BamH I	TaKaRa
Xho I	TaKaRa
T-4 DNA Ligase	TaKaRa
AMP	北京鼎国生物技术发展中心
IPTG	北京鼎国生物技术发展中心
Bacteria DNA Kit	北京天根生物公司产品
Gel Extraction Kit	TaKaRa
Plasmid Miniperps Kit	北京天根生物公司产品

透析袋的处理：将透析袋剪成 10～20cm，放在 2%（W/V）$NaHCO_3$、1 mM EDTA（pH8.0）溶液中煮沸 10min，取出透析袋，用蒸馏水彻底冲洗，然后在 1 mM EDTA 溶液中（pH 8.0）煮沸 10min，让透析袋自然冷却，4℃贮存（注意贮存期间，应始终让透析袋浸入溶液，以防干燥）。使用前，用蒸馏水充分冲洗透析袋的内外壁。

50mM PBS 缓冲液（pH6.8）：称取 0.2g KCl，8g NaCl，3.63g $Na_2HPO_4 \cdot H_2O$，0.24g KH_2PO_4 溶于大约 800mL 双蒸水中，调 pH7.0，最后定容至 1L，121℃ 15min 灭菌后常温保存。

（四）试验方法

1. 菌株活化与培养

将保藏的菌株划线接种于 LB 固体培养基上，30℃恒温培养24h。

2. 菌株种子液的制备

挑取活化后的菌株一环，接入装有100mL LB液体培养基的250mL三角瓶中，30℃、108r/min恒温培养24h得到种子液。

3. 菌株发酵液的制备

按照1%的接种量将种子液接种到装有100mL LB液体培养基的250mL三角瓶中，30℃、108r/min恒温培养24h，发酵液在4℃、12 000r/min条件下离心15min，除去沉淀，上清液即为发酵液。

4. 硫酸铵的分级沉淀

取菌株发酵上清液，慢慢地往上清液加入固体硫酸铵至30%饱和度，4℃静置2h后，5 000r/min离心15min，收集上清和沉淀，收集的上清液再加入固体硫酸铵，依次按照同样的方法调节到40%、50%、60%、70%、80%和90%的硫酸铵饱和度。收集每一个饱和度的沉淀物质，分别溶解在pH6.8、50mmol/L的磷酸缓冲液（PBS）中，装入透析袋中用相同浓度的PBS缓冲液4℃条件下透析，每隔2h换一次透析液，换3次后过夜。测定各饱和度沉淀的拮抗物质的抑菌活性，确定提取拮抗物质适合的硫酸铵盐析饱和度。

5. DEAE Sepharose Fast Flow 离子交换柱层析

取硫酸铵盐析的沉淀过0.22μm微孔滤膜进行预处理再进行离子交换层析。用50mM PBS缓冲液（pH6.8）洗脱平衡柱床，将浓缩的样品上样，用100% PBS缓冲液洗脱一个柱体积，然后用NaCl（0～1.0mol/L）溶液进行梯度洗脱，流速1.0mL/min，检测波长280nm，每5mL收集一管，冻干浓缩，检测其抑菌活性。

6. Sephadex G-75 凝胶层析

将经过 DEAE 离子交换层析柱洗脱收集的样品用 Sephadex G-75 柱层析进一步纯化。先用 50mM PBS 缓冲液（pH6.8）洗脱平衡基线，将浓缩的样品上样，用相同缓冲液洗脱，流速 0.1mL/min，检测波长 280nm，每 2mL 收集一管，分段收集合并吸收峰，冻干浓缩后进行活性检测。

7. SDS-PAGE 凝胶电泳检测纯度

SDS-PAGE 凝胶电泳参考文献[125]的方法，浓缩胶和分离胶的浓度分别是 5%和 12%。蛋白含量的测定采用考马斯亮蓝 G250 染色法，以牛血清蛋白为标品。

8. 抑菌活性的检测

在平板厚度一致的 PDA 培养基上均匀涂布指示菌禾谷镰刀菌的孢子液，在距离培养皿边缘 1.5cm 处放置灭过菌的牛津杯，加入 20μL 的样品，28℃培养 48h，观察结果，用十字交叉法测量抑菌圈直径（抑菌圈直径/mm＝总直径/mm－牛津杯直径/mm），每个实验重复 3 次，以未接菌的用相同方法处理的培养液作为空白对照。

9. 质谱检测

将纯化出的蛋白送至上海生工生物工程有限公司进行检测（Maldi-TOF-TOF），得到的序列在 Mascot 数据进行比对分析，通过分值、氨基酸匹配数、理论蛋白分子质量和匹配蛋白率来预测蛋白序列。

10. 基因克隆与表达

（1）引物设计与合成　通过得到的氨基酸序列在 GenBank 数据库上找到相应的核酸序列设计引物并委托上海生工

生物工程有限公司合成，引物序列如下：

F1：5’-ATGAAATATGATTTTGCCCG-3’

R1：5’-CTATTCTACTTTAACTACAC-3’

（2）基因组 DNA 的提取及基因克隆　7F1 基因组 DNA 提取参照试剂盒说明书进行，以基因组 DNA 为模板进行 PCR 扩增。反应体系为 25μL，包括 DNA 模板 1μL，10×PCR 缓冲液 2.5μL，dNTP 2μL，Mg^{2+} 1.5μL，上游引物 1μL，下游引物 1μL，rTaq 0.125μL，ddH_2O 16μL。程序如下：预热温度 94℃ 5min，温度 94℃ 30s；55℃ 30s；72℃，90s，循环 32 次，72℃ 10min。PCR 产物经 1%琼脂糖凝胶电泳后，利用试剂盒回收并纯化，与 pMD18-T 载体连接过夜，转化 DH5α 感受态细胞，37℃过夜培养 12～14h，挑取阳性克隆质粒验证并测序。

（3）表达载体的构建　将目标基因连 T 载测序，再连接构建表达载体转入表达菌株，具体步骤如图 4-1 所示。

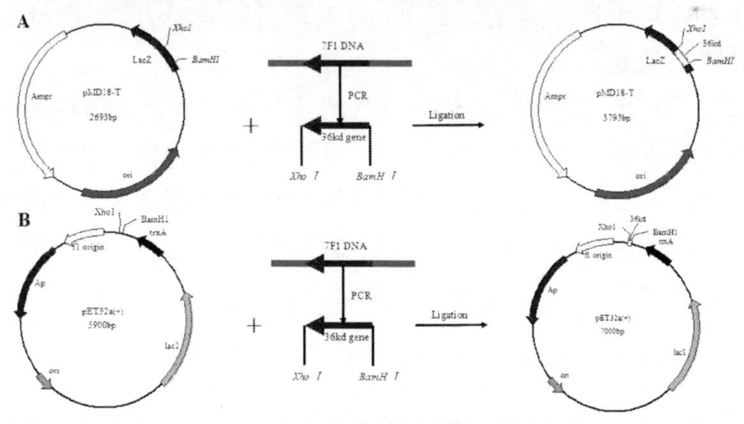

图 4-1　36ku 蛋白重组质粒构建图

A. 36ku 连接到 pMD18-T 克隆载体　B. 36ku 连接到 pET32a（+）表达载体

(3) 原核表达　根据测序结果，设计成熟肽表达引物，在引物5’端加入BamH I和Xho I酶切位点，并添加适当保护碱基，委托上海生工生物工程有限公司合成，引物序列如下：

F2：5’-CCCTCGAGTTAATACGTAGGCCAACCT -3’

R2：5’-CGGGATCCATGTTGAAAGCATGGAAAAA -3’

以带有目的基因的重组质粒为模板进行PCR扩增。程序如下：预热温度94℃ 5min，温度94℃ 30s；57℃ 30s；72℃，90s，循环32次，72℃ 10min。PCR产物经1%琼脂糖凝胶电泳后，利用试剂盒回收并纯化，与载体pET32a（+）进行BamH I和Xho I双酶切处理后16℃连接过夜，次日转化DH5α感受态细胞，37℃过夜培养12～14h，挑取阳性克隆经菌液PCR和双酶切鉴定正确后，扩繁阳性克隆提取质粒转化BL21感受态细胞，37℃过夜培养12～14h，再挑取阳性克隆经菌液PCR和双酶切鉴定，确定正确后以0.6mmol/L的IPTG作为诱导剂进行诱导表达，在菌液起始OD_{600}为0.6～0.8时开始诱导培养，6h后结束培养，表达产物用SDS-PAGE检测。

(4) 表达产物的纯化与活性测定　表达产物的纯化参照Novagen公司His-Tag纯化树脂50%Ni-NTA操作手册纯化目的蛋白，SDS-PAGE跟踪检测各段收集样品，用含300mmol/L咪唑的洗脱缓冲液洗脱收集目的蛋白进行透析复性。重组蛋白活性采用1.5.8的方法进行检测。

(五) 数据分析

抑菌圈直径采用十字交叉法测量，每个试验3次重复，采用平均值±标准误差，用SPSS (18.0) 软件对数据进行分析处理。

二、结果与分析

（一）硫酸铵不同饱和度沉淀结果

用不同饱和度的硫酸铵沉淀 7F1 菌株代谢产物，分段收集沉淀，透析后对沉淀物质的抑菌活性检测结果如图 4-2 所示，抑菌活性随着硫酸铵饱和度的提高而增加，当饱和度达到 60%时达到最大值，继续增加硫酸铵的饱和度时抑菌活性下降，说明该抗菌存在于 60%饱和度的硫酸铵中。

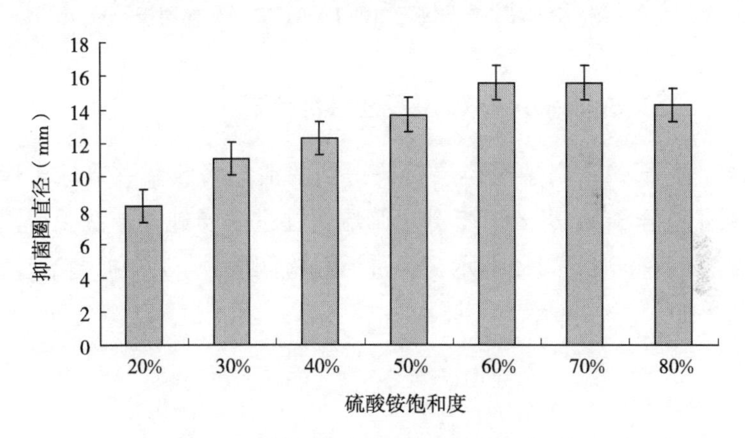

图 4-2　不同饱和度硫酸铵沉淀的抑菌活性

（二）DEAE 离子交换柱层析纯化拮抗物

发酵上清液经硫酸铵沉淀并透析后得到的粗蛋白经 DEAE 离子交换层析柱分离后出现了 5 个明显的峰，结果如图 4-3 所示。分别收集 5 个峰并做活性测定，结果如表 4-4 所示，D4 有明显的抑菌活性。

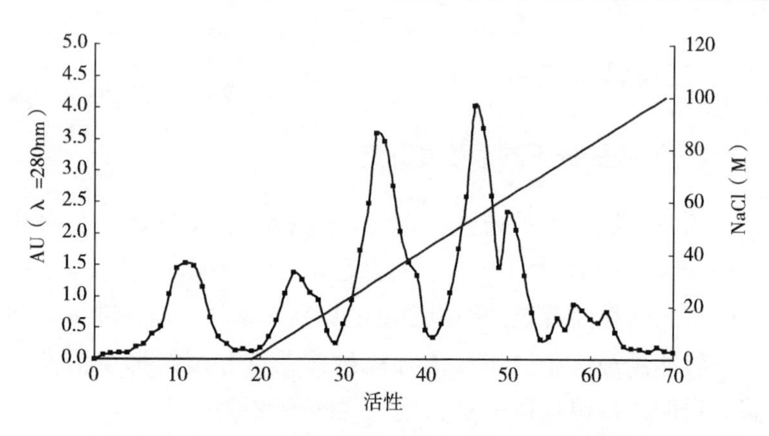

图 4-3　7F1 产拮抗蛋白的 DEAE 离子交换层析

（三）Sephadex G-75 凝胶柱层析结果

经 DEAE 离子交换层析柱得到的活性峰收集并冷冻干燥冷缩，用 Sephadex G-75 分子筛层析柱进一步纯化，洗脱后出现两个峰，如图 4-4 所示，经过活性检测发现 S1 有抑菌活性，结果如表 4-4 所示。

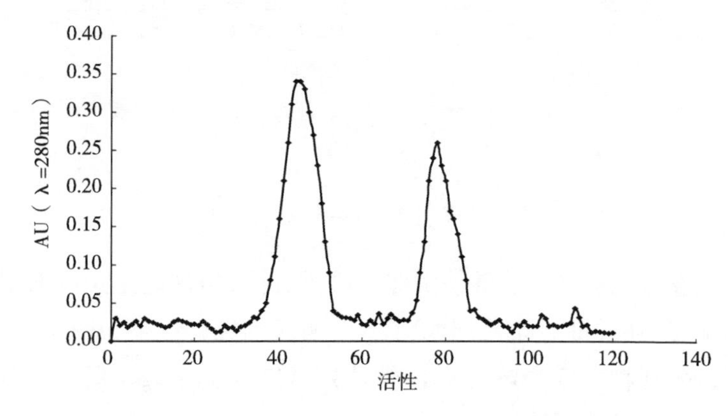

图 4-4　7F1 产拮抗蛋白的 Sephadex G-75 凝胶柱层析

表 4-4　各收集峰的抗菌活性

活性	Antibacterial diameter/mm (Mean ± standard deviation)
D1	-
D2	-
D3	7.34 ± 0.32
D4	9.81 ± 0.25
D5	-
S1	9.27 ± 0.11
S2	-

注：-：无抗菌活性。

（四）SDS-PAGE 凝胶电泳检测拮抗蛋白纯度和分子质量

利用 SDS-PAGE 凝胶电泳检测纯化之后的蛋白得到如下结果（图 4-5），7F1 菌株的代谢产物含有多种成分，除了抗菌蛋白还有多种不同分子质量的杂蛋白，经过离子交换柱和分子

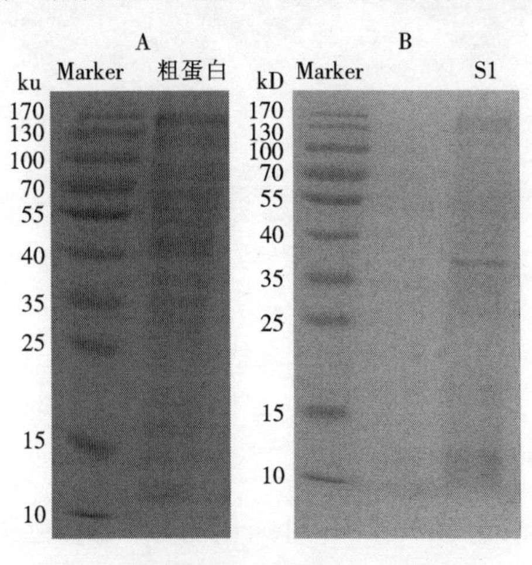

图 4-5　SDS-PAGE 检测 7F1 产拮抗蛋白

筛纯化后的有活性的峰 S1 经过检测只有单一的条带，表明已经分离得到了电泳纯的拮抗蛋白，其表观分子质量约为 36ku。

（五）纯化蛋白的拮抗谱

将纯化的拮抗蛋白分别作用于木贼镰刀菌（*Fusarium equiseti*）、轮枝镰刀菌（*Fusarium verticillioides*）、半裸镰刀菌（*Fusarium semifectum*）、禾谷镰刀菌（*Fusarium graminearum*）、胶孢炭疽菌（*Colletotrichum gloeosporioides*）、层出镰刀菌（*Fusarium proliferatum*）和雪腐镰刀菌（*Fusarium nivale*）测定抑菌活性，结果如图 4-6 所示。

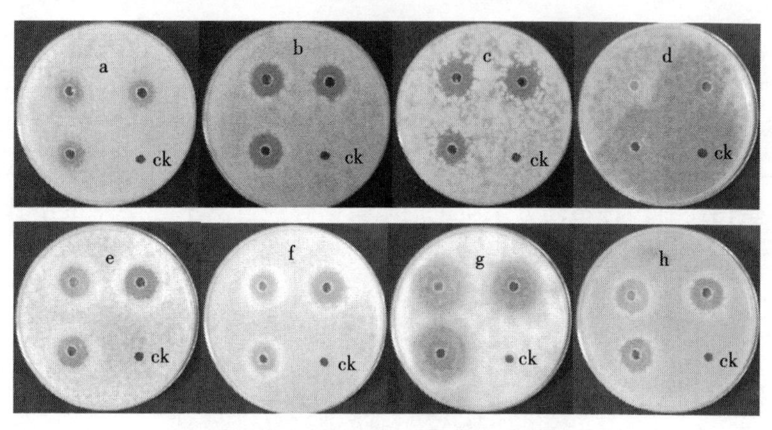

图 4-6　36ku 拮抗蛋白对木贼镰刀菌（a）、轮枝镰刀菌（b）、半裸镰刀菌（c）、禾谷镰刀菌（d）、胶孢炭疽菌（e）、层出镰刀菌（f）、尖孢镰刀菌（g）和雪腐镰刀菌（h）的拮抗作用

（六）拮抗蛋白的鉴定

利用 Maldii-TOF-TOF 对纯化的 36ku 蛋白进行检测，在 Mascot 数据库中比对有 3 种蛋白的匹配率最高，含有糖基水

解酶和 DDH 结构域，得到的肽段序列与糖基水解酶的相似性达到 87%（图 4-7 红色部分）。很多有糖基水解酶结构域的细菌性蛋白与生化特性和结构的研究有直接关系，因此选择有糖基水解酶结构域的蛋白作为 7F1 产拮抗物的推测蛋白。

1	MLKAWKKSVR	SKLTRTAFAA	VTSAALLLSV	MPSASAEHWA	LTGDVAVHDP
51	SITKEGNAWY	IFSTGQGIQV	QRSDDGRNFY	RLPQIFLSPP	SWWKSYVPKQ
101	KPNDVWAPDA	QKYNGRVWVY	YSISTFGSRT	SAIGLTSATS	IGAGSWRDDG
151	LVLRTTDAND	YNAIDPNLVI	DASGNPWLSF	GSWNSGLKVT	RLDKNTMKPT
201	GQIYSIAKRT	AGGLEAPHVT	YRDGYYYLFA	SIDNCCKGVD	SNYKIIYGRS
251	TSITGPYVDK	SGKSLMDGGG	TILDAGNDRW	KGPGGQSVYN	NSVIARHAYD
301	ATDKGNPKLL	ISDLKWDSAG	WPTY		

图 4-7　与糖基水解酶结构域相似的肽段序列

（七）原核表达

1. 目的基因克隆与测序

利用引物 F1 和 R1 进行 PCR 扩增，得到长度为 1 070bp 的产物，与预期结果大小一致（图 4-8）。

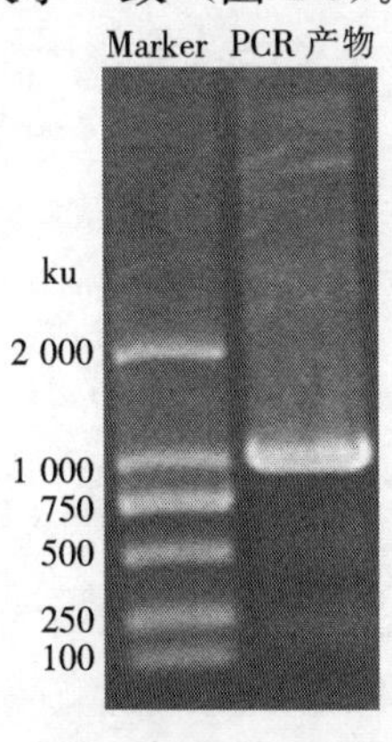

图 4-8　36ku 基因的 PCR 扩增产物

2. 诱导表达

将构建的工程菌进行诱导表达，比较诱导前后和空载质粒诱导前后蛋白表达的结构，如图 4-9 所示。

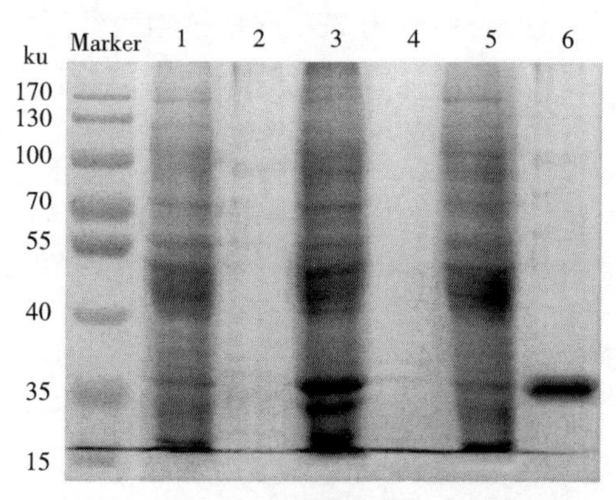

图 4-9 pET32a（+）/36ku 在大肠杆菌 BL21（DE3）的诱导表达

泳道 1，pET32a（+）空载的上清液；泳道 2 和 3 是 pET32a（+）/36ku 诱导后的上清和菌体；泳道 4 和 5 是 pET32a（+）/36ku 诱导前的上清和菌体；泳道 6 是纯化后的表达蛋白

3. 重组蛋白的抑菌活性

重组蛋白 36ku 经过复性处理作用于禾谷镰刀菌测定抑菌活性结果，如图 4-10 所示，复性的 36ku 具有与 7F1 纯化的

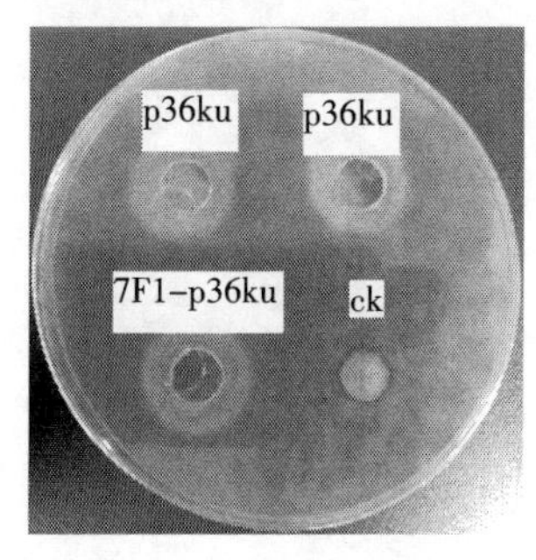

图 4-10 表达的 p36ku 蛋白作用于禾谷镰刀菌

36ku 相似的抑菌活性。

三、小结

微生物在代谢过程中会产生多种拮抗物质，这些拮抗物质可以抑制其他微生物的生长或者发展，甚至直接杀灭其他微生物，拮抗物质分为蛋白类拮抗物和非蛋白类拮抗物。抗菌蛋白类主要有细菌素、细胞壁降解酶（几丁质酶和葡聚糖酶）、脂肽抗生素以及一些未鉴定的抗菌蛋白，一般这些抗菌蛋白抗菌谱广，性质稳定，且结构比较简单。细菌素是细菌合成的对其他微生物具有抗生作用的小分子质量蛋白质，除对近缘相关的菌株（种）具有抑制效果外，某些细菌素具有广谱性的抑菌能力。比如，乳酸菌产生的具有良好热稳定性的热稳定性小分子多肽、热敏感大分子细菌素、羊毛硫细菌素等。细胞壁降解酶类是植物病程相关的蛋白，某些芽孢杆菌通过破坏病原真菌的细胞壁起到生防作用。几丁质酶是催化几丁质水解生成 N-乙酰葡萄糖胺反应的酶，有内切酶和外切酶两类，内切酶的产物为几丁质 1-4 糖或寡聚几丁多糖，而外切酶的产物为几丁质单糖；葡聚糖酶有 β-1,3-葡聚糖、β-1,4-葡聚糖酶、β-1,6-葡聚糖酶和 endo-(1,3-1,4) -β 葡聚糖酶等，其中 β-1,3-葡聚糖酶活性具有分解真菌细胞壁的作用。脂肽抗生素是一类主要由氨基酸和特殊的或修饰过的氨基酸组成的小分子化合物，它是通过所谓的“硫模板多聚酶机制”的多功能酶复合系统合成的一类肽类次级代谢产物，它的理化性质稳定，抗紫外线照射，热稳定性好，有的甚至 121℃高压灭菌 30min 活性仍能保持在 95％以上，对氯仿等有机溶剂有一定的耐受性，对蛋白酶 K、胰蛋白酶等多种蛋白酶不敏感。其他一些的抗菌蛋白，如 TasA（Transitionphase spore assoiated antibacterial protein，TasA）抗菌蛋白是从枯草芽孢杆菌 PY79 菌株分离的孢子成分，对革兰氏阳性菌和革兰氏阴性菌具有广谱抗菌活性。

本章的研究是通过硫酸铵分级沉淀、DEAE 离子交换层析、Sephadex G-75 凝胶柱层析，以及抑菌活性和 SDS-PAGE 的检测，从多黏类芽孢杆菌 7F1 发酵液中分离纯化到一种分子质量约为 36ku 的拮抗蛋白，对木贼镰刀菌（*Fusarium equiseti*）、轮枝镰刀菌（*Fusarium verticillioides*）、半裸镰刀菌（*Fusarium semifectum*）、禾谷镰刀菌（*Fusarium graminearum*）、胶孢炭疽菌（*Colletotrichum gloeosporioides*）、层出镰刀菌（*Fusarium proliferatum*）和雪腐镰刀菌（*Fusarium nivale*）7 种病原菌具有明显的抑制作用。7F1 菌产 36ku 拮抗蛋白基因序列全长 1 070bp，编码 357 个氨基酸，含有糖基水解酶结构域。原核表达研究表明，通过 IPTG 诱导表达的重组蛋白具有和 7F1 纯化的 36ku 相似的抑菌活性，显示该纯化蛋白在植物真菌病害的生物防治方面具有潜在的应用价值。从基因工程角度证明了 36ku 蛋白是 7F1 菌抗真菌的活性组分之一，为该菌的开发利用提供依据。

第五章　7M1 产抗生素的基因克隆与生物信息学分析

许多细菌能够产生抗菌活性物质，这些物质对植物抵抗病原菌侵入、潜伏、扩展、蔓延等有非常重要的作用。解淀粉芽孢杆菌（*Bacillus amyloliquefaciens*）是广泛存在于自然界的一种非致病性细菌，在其生长过程中会产生小分子质量抗生素、抗菌蛋白或者多肽类物质，从而抑制多种植物病原菌，在生物防治中发挥了重要的作用[110]。据报道，芽孢杆菌产生的抗菌物质主要有脂肽类化合物、抗菌蛋白、聚酮类化合物等[111,112]，其中通过非核糖体途径合成的丰原素（Fengycin）、伊枯草菌素（Iturin）和表面活性素（Surfactin）等脂肽类抗生素[113]是芽孢杆菌发酵过程中产生的主要抗生素，在抑制真菌病害中起着重要作用。Ongena 等发现伊枯草菌素可以破坏酵母细胞的细胞膜，使钾离子和其他重要物质渗透，造成酵母细胞的死亡[114]。枯草芽孢杆菌产的抗霉枯草菌素（伊枯草菌素家族的重要活性物质）可以抑制多种酵母的生长，但效果最好的是对黄曲霉（*Aspergillus* spp.）的抑制[115]。丰原素能够影响真菌细胞膜的表面张力，导致微孔的形成和钾离子及其他重要离子的渗漏，引起细胞死亡，但是对尖孢镰刀菌的形态和细胞结构没有显著影响[116]。Zhao 等研究认为 *B. subtilis* SG6 产生的丰原素和表面活性素在抑制禾谷镰刀菌（*F. graminearum.*）生长的过程中起主要作用[117]。

菌株7M1是从小麦根际土壤中分离筛选到的一株细菌，对小麦赤霉病禾谷镰刀菌有较强的抑制作用，但是对于该菌的鉴定及其产生的抗生素还没有研究。为了能够将该菌产生的抗生素用于生物防治，需要进一步对该菌产生抗生素种类进行鉴定，以期在一定程度上确定解淀粉芽孢杆菌7M1抗生素相关基因，明确解淀粉芽孢杆菌在防治小麦赤霉病中的作用。

一、试验材料与方法

（一）试验菌株

菌株7M1：从江苏省农业科学院六合实验基地采集的小麦根基土壤中筛选分离保存的菌株；禾谷镰刀菌GZ3639：实验室保藏菌株。

（二）培养基

LB培养基（液体培养基：蛋白胨10g/L，酵母浸膏5.0g/L，NaCl 10g/L，pH 7.0；固体培养基：固体培养基加琼脂15g/L）用于解淀粉芽孢杆菌7M1的培养。

PDA培养基（去皮马铃薯200g、葡萄糖20g、琼脂20g）用于禾谷镰刀菌GZ3639的培养及拮抗活性测定。

（三）仪器与设备

表5-1 主要仪器与设备

仪器设备名称	型　号	生产厂家
高效液相色谱	3695	美国Waters公司
隔水式恒温培养箱	GNP-9080BS-Ⅲ	上海新苗医疗器械制造有限公司

（续）

仪器设备名称	型　号	生产厂家
质谱仪	Triple quad 3500	加拿大SCIEX公司
高速冷冻离心机	Kendro D-37520	德国Sorvall-Heraeus公司
超声波细胞破碎仪	VCX500	美国Sonics&Materials公司
紫外可见光分光光度计	Lambda 25	美国Perkin Elmer公司
冷冻干燥机	Alpha1-2Lopius	德国Christ公司

（四）主要试剂

表5-2　主要试剂

试剂名称	等级	生产公司
三氟乙酸	GR	天津科密欧化学试剂有限公司
乙腈	GR	美国TEDIA
胰蛋白酶		Difco
蛋白酶K		Merck
胃蛋白酶		Amresco
KCl	AR	南京宁试化学试剂有限公司
NaCl	AR	南京宁试化学试剂有限公司
$Na_2HPO_4 \cdot H_2O$	AR	上海久亿化学试剂有限公司
KH_2PO_4	AR	成都市科龙化工试剂厂

50mM PBS缓冲液（pH6.8）：称取0.2g KCl、8g NaCl、3.63g $Na_2HPO_4 \cdot H_2O$、0.24g KH_2PO_4 溶于大约800mL双蒸水中，调pH7.0，最后定容至1L，121℃ 15min灭菌后常温保存。

（五）试验方法

1. 生长曲线及抗菌活性曲线测定

将保藏的7M1菌株划线于LB固体培养基上30℃过夜培

养，然后挑选单菌落于 LB 液体培养基中，30℃振荡培养（200r/min）24h。将活化好的菌悬液以 1%接种量转接至 LB 液体培养基中，30℃振荡培养（200r/min），每隔 2h 测定一次 OD_{600}值，当 OD_{600}值趋于稳定，停止测定。采用下列抑菌活性测定所述方法测定菌株不同生长时期的抑菌活性，然后做 7M1 菌株的生长曲线和抑菌活性曲线。

2. 抗生素的提取

抗生素的提取方法：取 100mL 发酵培养液，10 000r/min 离心 15min，上清冷冻干燥后溶于 10mL 去离子水，加入等体积的乙酸乙酯，在超声波辅助条件下提取 15min（40Hz，200w），然后旋转蒸发溶于 1mL 甲醇，再经 0.22μm 有机滤膜过滤，收集滤液保存在 4℃冰箱待用。

3. 抑菌活性测定

菌株 7M1 的抑菌活性测定：用灭菌枪头蘸取单菌落，加入装有 2mL 的 LB 无菌试管中，30℃培养 24h，测定 OD_{600}，用无菌 LB 调节培养液 $OD_{600}=0.8$，取 3.5μL 菌悬液，滴至平板厚度一致的 PDA 培养基上，30℃培养 48h 后，将禾谷镰刀菌孢子液（孢子数 1×10^5 个/mL）均匀喷在培养后的平板上，28℃培养 48h，每个试验重复 3 次。用十字交叉法测定抑菌圈直径（抑菌圈直径/mm＝总直径/mm－菌落直径/mm）。

抗生素的抑菌活性测定：在平板厚度一致的 PDA 培养基上均匀涂布指示菌禾谷镰刀菌的孢子液，放置灭菌的牛津杯，加入 20μL 的样品，28℃培养 48h，观察结果，用十字交叉法测量抑菌圈直径（抑菌圈直径/mm＝总直径/mm－牛津杯直径/mm），每个实验重复 3 次，以未接菌的用相同方法处理的培养液作空白对照。

4. 光照培养箱防治试验

从麦田中取扬花期的小麦，除去叶子，将麦穗修剪成长25cm，选取麦穗大小一致的样品置于无菌水中。在麦穗部位均匀喷洒提取的抗生素，对照药剂50%多菌灵可湿粉以500倍液喷洒在麦穗，在25℃光照培养箱中放置过夜，再吸取1μL禾谷镰刀菌孢子液（孢子数1×10^5个/mL）注入穗轴中部麦小穗的颖片中，并做记号，以接禾谷镰刀菌孢子液，未喷洒抗生素和对照药剂的样品为空白对照，每个处理15株，3次重复。置于温度25℃、湿度80%的光照培养箱中培养，15天后调查小麦穗的发病情况，统计发病率和病情指数，计算相对防治效果[118]。

$$\text{防治效果（\%）}=\frac{\text{对照病情指数}-\text{处理病情指数}}{\text{对照病情指数}}\times100$$

5. 拮抗物质稳定性的测定

对热的稳定性：将经过硫酸铵沉淀的2mL粗提液分别在40、50、60、70、80、90、100℃不同温度条件下水浴处理30min，在120℃的灭菌锅中静置30min，以未经温度处理的粗提液作为对照，测定经过不同温度处理的粗提液的抑菌活性，每个处理重复3次；对蛋白酶的稳定性：取3份经过硫酸铵沉淀的2mL粗提液，分别加入1mg/mL的胰蛋白酶、胃蛋白酶、蛋白酶K溶液20μL，30℃水浴处理60min，采用牛津杯法测定处理后的粗提液的抑菌活性，以加入20μL PBS缓冲液（pH 7.0）处理的粗提溶液作为对照，每个处理重复3次；对pH的稳定性：将经过硫酸铵沉淀的2mL粗提溶液用0.2mol/L的磷酸氢二钠和0.1mol/L的柠檬酸按不同比例的混合液与

1mol/L 氢氧化钠溶液，分别调 pH2.0、3.0、4.0、5.0、6.0、7.0、8.0、9.0、10.0、11.0，12h 后调节 pH 至中性，以未经处理的粗提溶液为对照，采用牛津杯法，测定不同的 pH 处理后的粗提液的抑菌活性，每个处理重复 3 次；对紫外线的稳定性：将经过硫酸铵沉淀的 2mL 粗提液倒入细胞培养板（直径 35mm）置于 30W 紫外线下，距离 30cm，照射 0.25、0.5、1、1.5、2h，以不用紫外线照射的粗提液为对照，采用牛津杯法，取 20μL 检测其抑菌活性。

6. 引物设计

芽孢杆菌溶素、伊枯草菌素、杆菌抗霉素等合成必需基因的 PCR 合成引物[119]，扩增 *ituC*、*bacAB*、*bamD* 等基因引物序列，如表 5-3 所示。产物大小预测值分别为 749bp、594bp、482bp。设计的引物在上海生工生物工程有限公司合成。

7. PCR 检测

将保藏的解淀粉芽孢杆菌 7M1 菌株划线于 LB 固体培养基上，30℃培养 24h，接种于 LB 培养液中，30℃振荡培养（200r/min）8h，用细菌基因组 DNA 提取试剂盒提取该菌的基因组 DNA 作为 PCR 的模板，对抗生素相关基因进行 PCR 检测[10]。反应体系为 25μL，包括 DNA 模板 1μL，10×PCR 缓冲液 2.5μL，dNTP 2μL，Mg^{2+} 1.5μL，上游引物 1μL，下游引物 1μL，rTaq 0.125μL，ddH_2O 16μL。抗生素相关基因的 PCR 扩增条件为：预热温度 94℃，时间 5min；（解链温度 94℃，时间 30s；退火温度 57℃，时间 30s；延伸温度 72℃，时间 90s）循环 32 次；温度 72℃再延伸 10min。扩增结束后取 5μL 扩增产物在 1%的琼脂糖凝胶，1×TAE 缓冲液中进行电

表 5-3　抗菌素合成相关基因

抗菌素	基因	引物	序　列	产物大小
芽孢杆菌溶素（Bacilysin）	*bacAB*	BACD-F	5'-AAAAACAGTATTGGTYATCGCTGA-3'	749bp
		BACD-R	5'-CCATGATGCC TTCKATRCTGAT-3'	
伊枯草菌素（Iturin）	*ituC*	ITUC-F	5'-CCCCCTCGGTCAA GTGAATA-3'	594bp
		ITUC-R	5'-TTGGTTAAGCCCTGATGCTC-3'	
杆菌抗霉素 D（Bacillomycin D）	*bamD*	ITUD-F	5'-TTGAAYGTCAGYGCSCCTTT-3'	482bp
		ITUD-R	5'-TGCGMAAATAATGGSG TCGT-3'	

泳，在 130V 电压下，30min 后，取出凝胶在 EB 染色池中染色 15min，然后通过紫外凝胶荧光扫描仪检测。然后将 PCR 产物纯化后连接到 pMD-19T 克隆载体上，转入 *E. coli* DH-5α 感受态细胞。在氨苄抗生素的 LB 平板上涂布培养，挑单菌落 PCR 鉴定，将获得的阳性克隆送上海生工生物工程有限公司进行测序。

8. 序列分析

在 NCBI 网站利用 BLAST 程序进行同源性比对。用 ORF Finder（Open Reading Frame Finder）对解淀粉芽孢杆菌 7M1 抗生素合成必需基因片段进行阅读框分析，转化成氨基酸序列，再利用 NCBI 中的 BLAST 程序与 GenBank 数据库中的氨基酸序列进行同源性比对，下载相关的数据利用 MEGA 5.1 软件将得到的抗生素的氨基酸序列与数据库中抗生素的氨基酸序列进行比对，最后利用邻接法构建系统发育树。

9. 蛋白理化性质分析

使用 ProParam tool（http：//www. expasy. ch/tools/protparam. html）对基因编码产物的理化性质进行分析。

10. 跨膜螺旋信号分析

利用 TMHMM 2.0 在线软件（http：//www. cbs. dtu. dk/services/TMHMM/）对解淀粉芽孢杆菌 7M1 抗生素合成必需基因编码产物的氨基酸序列进行跨膜螺旋信号分析。

11. 结构域、二级结构和三级结构的预测

利用在线软件（www. ebi. ac. uk）中的 InterProScan 工具对解淀粉芽孢杆菌 7M1 抗生素合成必需基因编码产物的氨基酸序列结构域预测，利用在线软件（http：//npsa-pbil. ibcp. fr/）中的 SOPM 工具进行蛋白质二级结构预测。通过 ExPASy（http：//ca.expasy.org/）提供的 SWISS-MODEL 在线工具对蛋白质进行同源建模，获得三级结构，查看空间构象。

12. LC-MS 分析

利用 LC-MS 检测抗生素，液相条件如下：Diamonsil C_{18}（250mm×4.6mm，5m）反相色谱柱，流动相分别是 0.1%的三氟乙酸水溶液和色谱乙腈，流速 0.6mL/min，进样体积 20μL，梯度洗脱程序 0～15min，线性梯度 30%～45%（B），15～40min，线性梯度 45%～55%（B），检测波长 280nm，质谱采用正离子电喷雾模式。

（六）数据分析

抑菌圈直径采用十字交叉法测量，每个试验 3 次重复，采用平均值±标准误差，用 SPSS（18.0）软件对数据进行分析处理。

二、结果与分析

（一）7M1 生长曲线及抑菌活性曲线

菌株 7M1 的生长曲线及抗菌活性曲线如图 5-1 所示，培养时间对菌株产生抗生素的抑菌效果有很大的影响，随着菌株的生长，抑菌圈直径逐渐增加，在 22h 达到最大值；随着时间的延长，抑菌圈逐渐减小。由此可见，抗生素主要在菌体生长的对数阶段；在生长后期抑菌活性下降可能是因为培养时间过长使部分抗生素失活或者被菌体吸附。

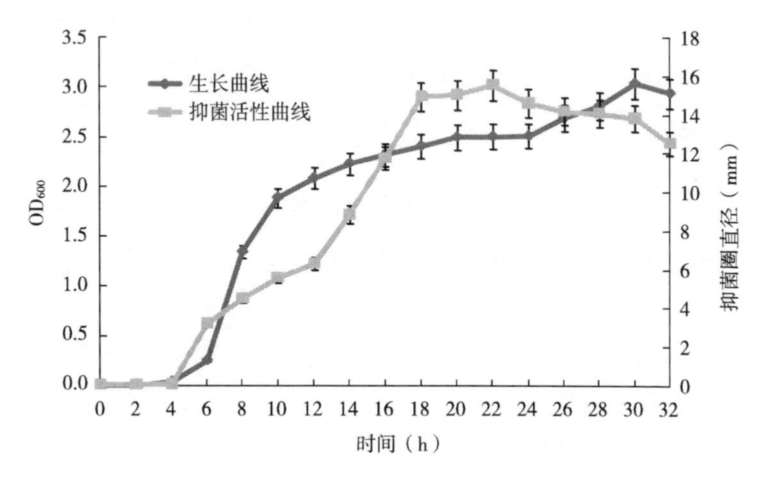

图 5-1　菌株 7M1 生长曲线及抑菌活性曲线

（二）7M1 菌体和抗生素的抑菌效果

通过在试验方法中抗生素的提取方法提取解淀粉芽孢杆菌 7M1 产抗生素，利用抑菌活性测定方法做抑菌试验，同时与解淀粉芽孢杆菌 7M1 的抑菌效果做比较，结果如图 5-2 所示，7M1 菌体和抗生素提取物都有明显的抑菌圈，其抑菌圈直径

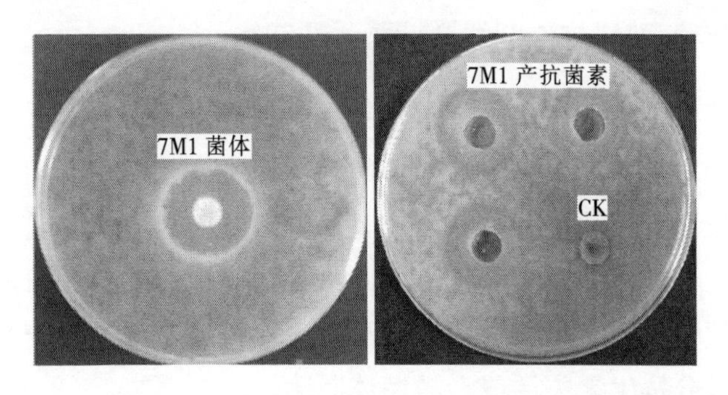

图 5-2　解淀粉芽孢杆菌 7M1 和产抗生素抑制禾谷镰刀菌效果

分别为16.33±0.13mm和15.43±0.21mm，以甲醇做空白对照没有抑菌圈出现。

（三）菌株7M1抗生素的光照培养箱防病效果

从表5-4中可知，菌株7M1抗生素粗提液处理的小麦穗在接种禾谷镰刀菌孢子液15天后的发病率为24.33%，病情指数为22.51%，防治效果为76.41%；对照药剂50%多菌灵可湿粉500倍液处理的发病率为35.54，病情指数为19.77%，防治效果为79.28%。说明菌株7M1对小麦赤霉病有较好的预防效果，菌株7M1及其代谢产物可以作为生防药剂用于小麦赤霉病的防治。

表5-4 菌株7M1对小麦赤霉病的光照培养箱防治效果

处理	发病率（%）	病情指数（%）	防治效果（%）
7M1抗生素	37.46 ± 1.32	22.51 ± 1.47	76.41 ± 0.76
50%多菌灵可湿粉	35.54 ± 1.09	19.77 ± 1.54	79.28 ± 0.76
阳性对照	100.00 ± 0.00	95.43 ± 1.43	—

（四）解淀粉芽孢杆菌7M1产抗生素的稳定性

抗生素粗提液的稳定测定结果如图5-3、图5-4、图5-5、图5-6所示，从图5-3可以看出，解淀粉芽孢杆菌7M1产生的抗生素受温度的影响较小，当温度低于80℃时，虽然抗生素抑菌活性有所下降，但下降幅度不大，总体上比较稳定；在温度达到90℃时，抗生素抑菌活性大幅下降，温度达到100℃时抗生素才失去活性，说明抗生素有很好的热稳定性；从图5-4可以看出，经蛋白酶处理后的粗提液与未经蛋白酶处理的粗提液相比，抑菌活性明显下降，特别是胃蛋白酶的影响最大，说

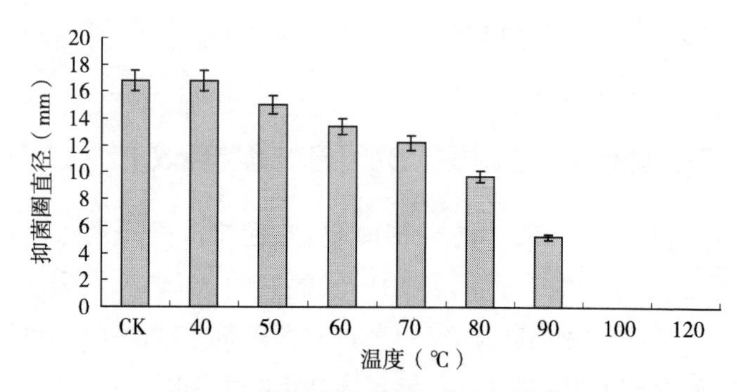

图 5-3　温度对抗生素抑菌活性的影响

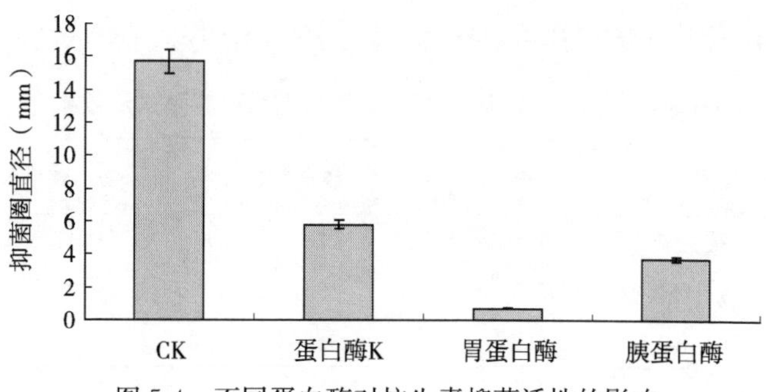

图 5-4　不同蛋白酶对抗生素抑菌活性的影响

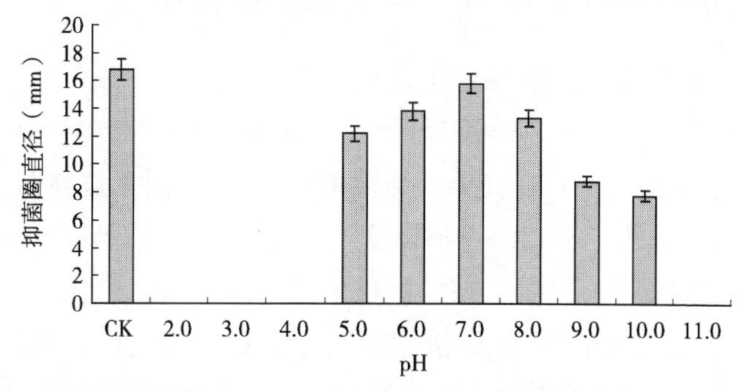

图 5-5　pH 对抗生素抑菌活性的影响

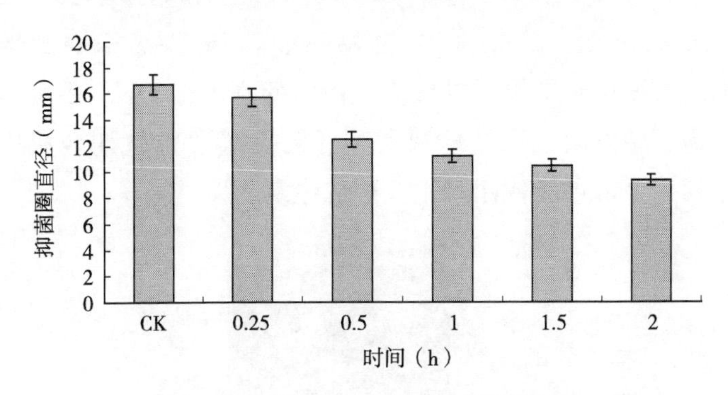

图 5-6　时间对抗生素抑菌活性的影响

明抗生素粗提液对蛋白酶敏感，从而也证实了抗生素的蛋白质性质；从图 5-5 可以看出，抗生素粗提液的抑菌活性在酸性条件下影响很大，抗生素粗提液在中性条件下比较稳定，在强酸性和强碱性条件下不稳定，在 pH10.0 以上或者 pH5.0 以下才失去抑菌活性，说明抗生素粗提液的抑菌活性 pH 范围较广；从图 5-6 可以看出，随着紫外线照射时间的延长，粗提液的稳定性受到影响，抑菌活性有一定的降低。

（五）解淀粉芽孢杆菌 7M1 抗生素相关基因的检测和分析

利用设计的 3 对引物分别进行 PCR 扩增，并获得了三条目的条带（图 5-7），将 PCR 产物的测序结果在 BLAST 中比对，结果表明从解淀粉芽孢杆菌 7M1 扩增的 *bacAB* 基因与 *Bacillus subtilis* isolate ME488（EU 334 356.1）中的调控基因 bacilysin synthetase B（*bacB*）和 bacilysin synthetase A（*bacA*）的同源性为 99%；扩增的 *ituC* 基因与 *Bacillus amyloliquefaciens*（KP 453 870.1）中的调控基因 iturin A synthetase C 的同源性为 99%；扩增的 *bamD* 基因与 *Bacillus subtilis*（AF 184 956.1）中的 Mycosubtilin 操纵子同源性为 99%。根据比对结果可以推测，该菌的基因组 DNA 中可能存在芽孢杆菌溶素、伊枯草菌素和杆菌抗霉素 D 代谢合成操纵子序列，该菌可能代谢产生 3 种抗生素。

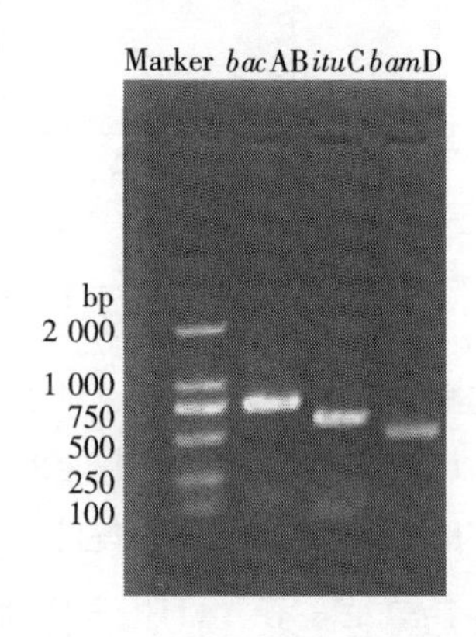

图 5-7　解淀粉芽孢杆菌 7M1 抗生素合成基因的 PCR 扩增

（六）解淀粉芽孢杆菌 7M1 抗生素的氨基酸分析

利用 NCBI 的 ORF Finder 工具对解淀粉芽孢杆菌 7M1 抗生素合成必需基因片段进行阅读框分析，预测编码的氨基酸序列。通过氨基酸的比对分析，可以看出解淀粉芽孢杆菌 7M1 的 *bacAB* 基因编码产物的氨基酸序列与 GenBank 中的芽孢杆菌溶素合成酶有较高的同源性，解淀粉芽孢杆菌 7M1 的 *ituC* 基因编码产物的氨基酸序列与 GenBank 中的伊枯草菌素合成酶有较高的同源性，解淀粉芽孢杆菌 7M1 的 *bamD* 基因编码产物的氨基酸序列与 GenBank 中的杆菌抗霉素 D 合成酶有较高的同源性。通过邻接法构建的系统发育树（图 5-8、图 5-9、图 5-10）也证实解淀粉芽孢杆菌 7M1 的抗生素合成相关基因的系统进化关系。

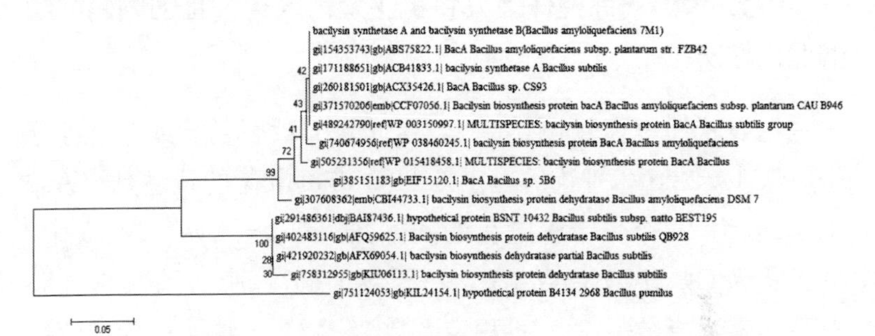

图 5-8　*bacAB* 基因编码产物的氨基酸序列及系统发育树

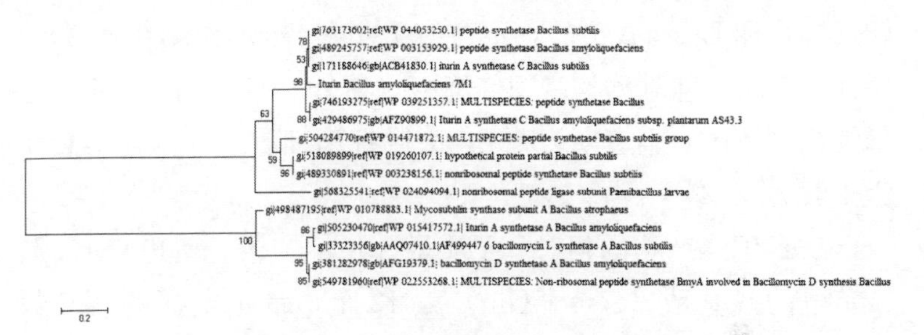

图 5-9　*ituC* 基因编码产物的氨基酸序列

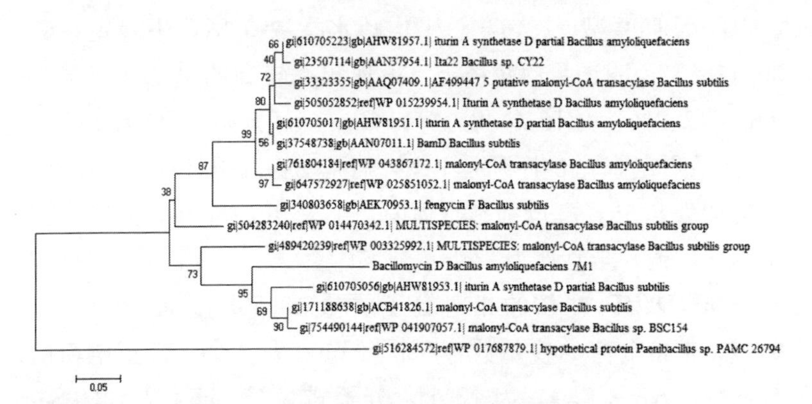

图 5-10　*bamD* 基因编码产物的氨基酸序列

（七）解淀粉芽孢杆菌7M1抗生素合成相关基因编码产物的理化性质

在线软件蛋白预测结果显示，*bacAB* 编码产物的相对分子质量13.23ku，理论等电点6.82，带负电荷的残基数（Asp+Glu）为15个，带正电荷的残基数（Arg+Lys）为15个，分子式为 $C_{597}H_{936}N_{156}O_{173}S_{5}$，原子数1 867，脂肪系数86.55，总平均疏水指数-0.24，不稳定系数25.42%，说明该蛋白较稳定，出现频率较高的氨基酸残基为Leu（10.3%）、Asp（8.6%）和Lys（7.8%），不含有Pyl和Sec。预测在N端的序列是Met，哺乳动物网织红细胞（体外）半衰期为30h，酵母细胞（体内）半衰期为20h，大肠杆菌细胞（体内）半衰期为10h。

ituC 编码产物的相对分子质量9.62ku，理论等电点8.07，带负电的残基数（Asp+Glu）为12个，带正电荷的残基数（Arg+Lys）为13个，分子式为 $C_{422}H_{677}N_{121}O_{132}S_{2}$，原子数1 354，脂肪系数71.46，总平均疏水指数-0.87，不稳定系数30.47%，说明该蛋白较稳定，出现频率较高的氨基酸残基为Thr（12.2%）、Glu（9.8%）和Gln（8.5%），不含有Pyl和Sec。预测在N端的序列是Leu，哺乳动物网织红细胞（体外）半衰期为5.5h，酵母细胞（体内）半衰期为3min，大肠杆菌细胞（体内）半衰期为2min。

bamD 编码产物的相对分子质量10.98ku，理论等电点9.57，带负电荷的残基数（Asp+Glu）为8个，带正电荷的残基数（Arg+Lys）为12个，分子式为 $C_{485}H_{799}N_{139}O_{138}S_{6}$，原子数1 567，脂肪系数105.63，总平均疏水指数-0.27，不稳

定系数 68.14%，说明该蛋白不稳定。出现频率较高的氨基酸残基为 Leu（13.5%）、Lys（8.3%）和 Asn（8.3%），不含有 Pyl 和 Sec。预测在 N 端的序列是 Met，哺乳动物网织红细胞（体外）半衰期为 5.5h，酵母细胞（体内）半衰期为 3min，大肠杆菌细胞（体内）半衰期为 2min。

（八）解淀粉芽孢杆菌 7M1 抗生素的氨基酸跨膜螺旋信号分析

跨膜蛋白由跨越脂质膜的片段（通常是螺旋）以及膜外连接这些片断的卷曲区域组成的。跨膜的片段往往含有较高比例的疏水残基，长度常常在 20 个残基以上，这种相对较长的疏水残基片断在可溶性球蛋白中很少见，因而可以依靠疏水残基片断来进行预测。跨膜螺旋是可以根据序列数据比较准确预测的蛋白质特性之一。解淀粉芽孢杆菌 7M1 抗生素的氨基酸跨膜螺旋信号分析结果如表 5-5 所示。

表 5-5　相关基因编码产物的氨基酸跨膜螺旋数据分析结果

项　目	*bacAB*	*ituC*	*bamD*
氨基酸数目	116	82	96
预测的跨膜螺旋数	0	0	0
跨膜螺旋中的氨基酸残基数	0.006 15	0	0.101 13
前 60 个氨基酸残基数	0.001 14	0	0.101 13
N 端在细胞膜内的可能性	0.056 87	0.063 12	0.444 36

由表 5-5 可知，解淀粉芽孢杆菌 7M1 抗生素合成相关基因（*bacAB*、*ituC*、*bamD*）编码产物的氨基酸跨膜螺旋中的氨基酸残基数分别是 0.006 15、0、0.101 13，跨膜蛋白判定

的相关标准显示[17]，如果预测蛋白前60个氨基酸中跨膜螺旋中有数个氨基酸残基数，预测跨膜螺旋中的氨基酸残基数大于18，则氨基酸很有可能存在跨膜序列，并且蛋白的N端可能存在信号肽。由此可以说明，解淀粉芽孢杆菌7M1抗生素合成相关基因（*bacAB*、*ituC*、*bamD*）编码产物不具有明显的跨膜结构，而且N端不存在信号肽。

（九）结构域预测

通过在线软件可知，解淀粉芽孢杆菌7M1抗生素合成相关基因（*bacAB*、*ituC*、*bamD*）编码产物的氨基酸分别有116个、82个、96个。在*bacAB*基因中有Periplasmic binding proteinⅡ家族的特征结构域，位于第20～112个氨基酸之间；在*ituC*基因中有AMP的结合位点，位于第30～81个氨基酸之间；在*bamD*基因中有acyltransferase的特征结构域，位于第1～60个氨基酸之间。

（十）二级结构和三级结构预测

二级结构预测的相关数据如表5-6所示。*bacAB*、*ituC*、*bamD*编码产物中均存在α螺旋、伸展链、β转角和无规则卷曲，其中α螺旋所占比例较高。*bacAB*基因编码产物中有34个氨基酸形成α螺旋，占所有氨基酸的29.31%；*ituC*基因编码产物中有41个氨基酸形成α螺旋，占所有氨基酸的50.00%；*bamD*基因编码产物中有56个氨基酸形成α螺旋，占所有氨基酸的58.33%。

将氨基酸序列进行同源建模，得到解淀粉芽孢杆菌7M1抗生素合成相关基因（*bacAB*、*ituC*、*bamD*）编码产物的三级结构图，如图 5-11 所示。*bacAB* 蛋白模型与芽孢杆菌溶素（Bacilysin）同源性最高，达到 74.27%；*ituC* 蛋白模型与短杆菌肽合成酶（GRAMICIDIN SYNTHETASE）同源性最高，为 43.59%；*bamD* 蛋白模型与酰基转移酶［Malonyl-CoA-(acyl-carrier-protein transacylase)］的同源性最高，为 35.00%。

表 5-6　相关基因编码产物的二级结构分析

名称	*bacAB*	*ituC*	*bamD*
α 螺旋	34（29.31%）	41（50.00%）	56（58.33%）
3_{10} 螺旋	0（0%）	0（0%）	0（0%）
Pi 螺旋	0（0%）	0（0%）	0（0%）
β 凸起	0（0%）	0（0%）	0（0%）
伸展链	30（25.86%）	12（14.63%）	11（11.46%）
β 转角	14（12.07%）	7（8.54%）	4（4.17%）
弯曲区域	0（0%）	0（0%）	0（0%）
无规则卷曲	38（32.76%）	22（26.83%）	25（26.04%）
未定结构	0（0%）	0（0%）	0（0%）
其他结构	0（0%）	0（0%）	0（0%）

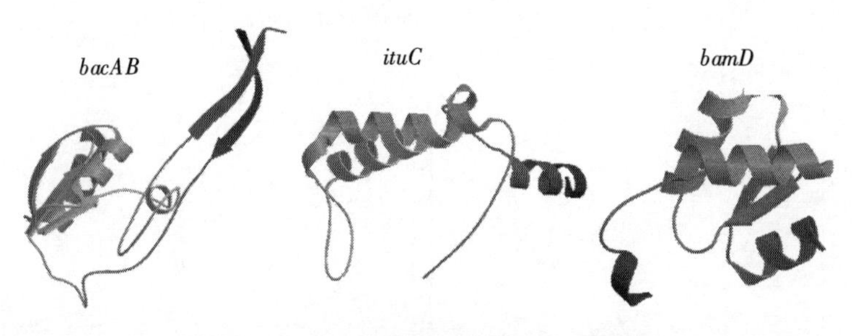

图 5-11　相关基因编码产物的三级结构

（十一）LC-MS 测定抗生素结果

7M1 产抗生素液相检测结果如图 5-12 所示，为了进一步确定抗生素类型，选取了其中 3 个活性峰进行分析，通过 LC-ESI-MS 检测得到 3 种化合物的分子质量，结果如图 5-13 所示，$[M+H]^+$ 离子峰分子质量分别是 1 057.7（峰 1）、

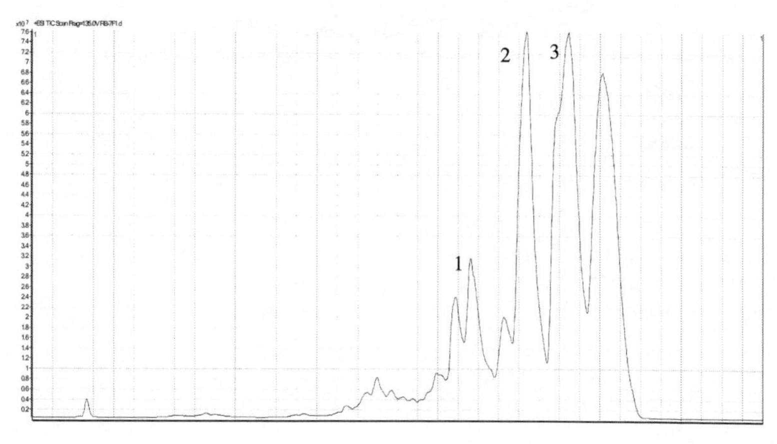

图 5-12　7M1 产抗生素 HPLC 分析

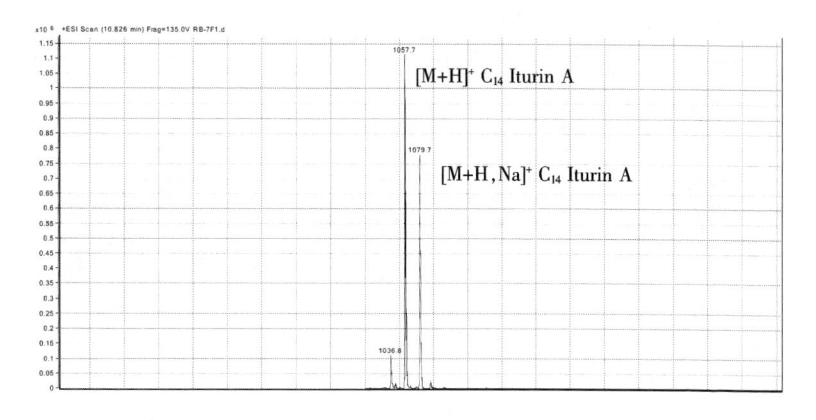

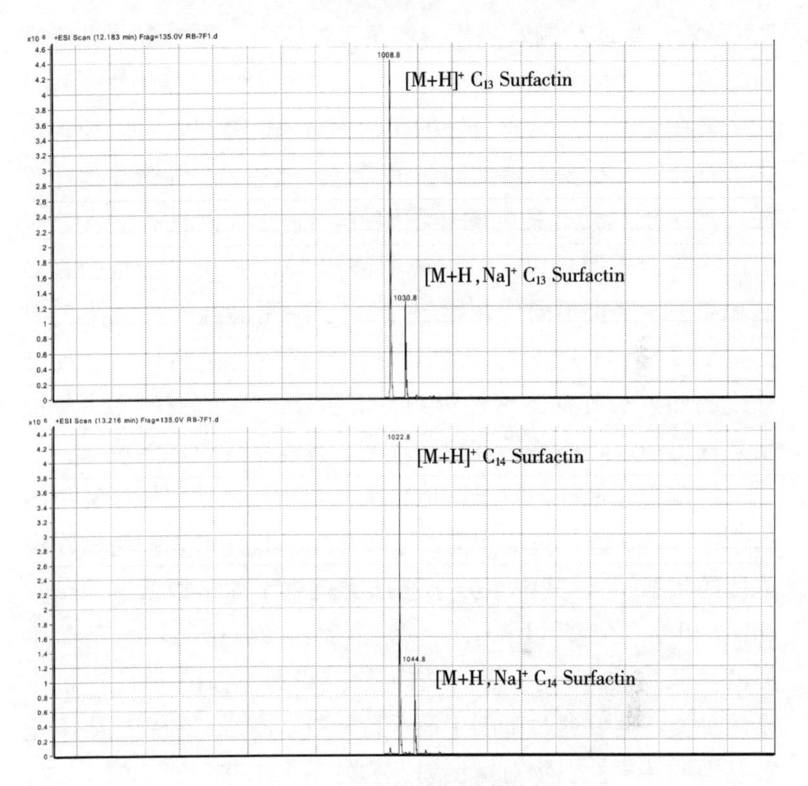

图 5-13　HPLC 峰的质谱分析

1 008. 8（峰 2）、1 022. 8（峰 3），与之相应的是 C_{14} iturinA、C_{13} surfactin、C_{14} surfactin。

三、小结

本研究利用的是小麦根基土壤中筛选出的解淀粉芽孢杆菌 7M1，该菌及其产生的抗生素对禾谷镰刀菌有很好地抑制效果，其抗生素粗提液对禾谷镰刀菌的抑制作用与多菌灵可湿粉

500 倍液产生的抑制效果相当，在实际应用过程中多菌灵可湿粉的有效用药浓度为 800 倍液[120]，由此推测，低浓度的 7M1 抗生素在生产中也具有良好的防治赤霉病的效果，可以为替代化学农药用于小麦赤霉病的防治提供新途径。解淀粉芽孢杆菌 7M1 产生抗生素有良好的热稳定性，在 90℃仍具有活性，对蛋白酶部分敏感，以上特点说明菌株 7M1 产抗生素至少有多肽和非多肽两类不同代谢物组成[121]。除耐高温外，菌株 7M1 产抗生素在 pH5.0～10.0 之间保持良好的抑菌活性，而且紫外线的照射对其抑菌活性影响也不明显，说明菌株 7M1 产抗生素性质稳定，能够适应田间环境，具有实际应用的价值。

解淀粉芽孢杆菌属于芽孢杆菌属，与枯草芽孢杆菌有很高的亲缘性，在生长过程中能产生多种次级代谢产物抑制植物病原菌的生长[122]，其中小分子脂肽类抗生素如丰原素（Fengycin)、伊枯草菌素（Iturin）和表面活性素（Surfactin）等是主要的抗菌物质，为了进一步研究解淀粉芽孢杆菌 7M1 产抗生素的种类，需要通过基因手段进行分析，本研究利用抗生素相关基因的特异性引物对解淀粉芽孢杆菌 7M1 基因组 DNA 进行性 PCR 扩增，发现该菌基因组中存在抗生素的合成相关基因 *bacAB*、*ituC* 和 *bamD*，推测解淀粉芽孢杆菌 7M1 基因组中可能存在芽孢杆菌溶素、伊枯草菌素和杆菌抗霉素 D 代谢合成操纵子序列，该菌可能代谢产生这 3 种抗生素。通过生物信息学分析 3 种基因编码产物，各分子质量与文献报道的结果有所差异[123]，可能是因为不同物种相关基因存在着分子质量差异，并表现出多态性。依据不稳定系数需小于 40 才是稳定蛋白的标准[124]，可判断 *bacAB* 编码蛋白和 *ituC* 编码蛋白是稳定蛋白，*bamD* 编码蛋白是不稳定蛋白，这与软件分析的结果一致。另外，解淀粉芽孢杆菌 7M1 抗生素合成相关基因（*ba-cAB*、*ituC*、*bamD*）编码产物不具有明显的跨膜结构，而且 N 端不存在信号肽，说明产物可以大量地分泌到胞外，可直接利用发酵液作为生防材料。通过分析氨基酸序列得到 3 种基因编码产物都有一个保守的结构域。蛋白二级结构预测的相关数据表明存在 α 螺旋、伸展链、β 转角和无规则卷曲，其中 α 螺旋所占比例均较高，从蛋白质三级结构的空间构型也可验证。LC-MS 的鉴定也验证了上述结果。

第六章　结论与展望

一、结论

（1）按照菌落形态、生理生化特点及基于 16S rDNA 基因构建系统发育树，对两株拮抗菌进行菌种鉴定，7F1 被鉴定为多黏类芽孢杆菌（*Paenibacillus polymyxa*），7M1 被鉴定为解淀粉芽孢杆菌（*Bacillus amyloliquefaciens*）。

（2）测定了 7F1 和 7M1 在不同孢子浓度、不同培养时间下对禾谷镰刀菌的抑制作用，并与一株已报道的拮抗菌 FZB42 做比较，结果显示 7M1 和 FZB42 能很好地抑制禾谷镰刀菌生长且抑制效果持久，而 7F1 只能在短期内对禾谷镰刀菌起抑菌作用。对于 8 种常见的植物病原菌，7F1 和 7M1 均具有抑菌效果。

（3）在 LB 培养基中，*Paenibacillus polymyxa* 7F1 产生拮抗物的最适条件为培养温度 38℃、初始 pH8.0、培养时间 8h，初步可以断定为蛋白类物质，且大部分存在于细胞外，具有良好的稳定性。

（4）通过逐级纯化和 SDS-PAGE 的检测，从 *Paenibacillus polymyxa* 7F1 发酵液中分离纯化到一种分子质量约为 36ku 的拮抗蛋白，拮抗蛋白基因序列全长 1 070bp，编码 357 个氨基酸，含有糖基水解酶结构域。原核表达研究表明，通过

IPTG 诱导表达的重组蛋白具有与 7F1 纯化的 36ku 蛋白相似的抑菌活性。

（5）*Bacillus amyloliquefaciens* 7M1 及其产生的抗生素对禾谷镰刀菌有很好的抑制效果，其抗生素粗提液对禾谷镰刀菌的抑制作用与多菌灵可湿粉 500 倍液产生的抑制效果相当，在实际应用过程中多菌灵可湿粉的有效用药浓度为 800 倍液，该菌产生的抗生素有良好的稳定性。

（6）利用抗生素相关基因的特异性引物对 *Bacillus amyloliquefaciens* 7M1 基因组 DNA 进行性 PCR 扩增，发现该菌基因组中存在抗生素的合成相关基因 *bacAB*、*ituC* 和 *bamD*，推测解淀粉芽孢杆菌 7M1 基因组中可能存在芽孢杆菌溶素、伊枯草菌素和杆菌抗霉素 D 代谢合成操纵子序列，该菌可能代谢产生这 3 种抗生素。LC-MS 的鉴定也验证了上述结果。

二、展望

由于全球气候变化、秸秆还田、少免耕技术及灌溉条件的改善，中国长江中下游、黄淮、东北春麦区镰刀菌发病的风险压力倍增。小麦赤霉病污染的菌源充足，且目前推广的耕作栽培体系均有利于产毒镰刀菌的生长繁衍。品种抗性虽在不断地改善，总体上长江中下游小麦品种的抗性也远优于黄淮麦区，但在赤霉病爆发的年份和地区，目前的品种抗性难以抵挡 小麦赤霉病和 DON 毒素的产生。DON 的糖基化一直是育种家希望加以利用的提高小麦抗性、降低毒素危害的有效途径。

杀菌剂仍是控制小麦镰刀菌污染的主要途径，由于多菌灵抗药性菌株的比例在快速上升，多菌灵的防治效果面临前所未有的考验，提高浓度或开花后期增加使用可能造成安全间隔期不足，导致小麦中农药超标。氰烯菌酯等新型丙烯酸酯类杀菌剂及戊唑醇等三唑类杀菌剂虽然取得较好的使用效果，但是使用面积还不大，而丙硫菌唑、羟菌唑在中国尚未获得登记。同时，对于嘧菌酯等甲氧基丙烯酸酯类药剂在欧美试验中表现出可能促进毒素产生的问题，应予以关注。

因此，小麦赤霉病和 DON 毒素的污染问题将在较长时间内存在。开展小麦中禾谷镰刀菌等镰刀菌污染的风险监测与评估将有助于全面了解中国小麦产区赤霉病的污染现状，因地制宜提出管控的办法。对于重点污染区域，对收储小麦实施分级管理是必要的，部分超标小麦可以通过提高风选强度，以保证加工产品的毒素含量符合国家限量标准。

参 考 文 献

[1] 仇元，小麦赤霉病 [M]. 北京：中华书局，1952：3-44.

[2] 陆维忠，小麦赤霉病研究 [M]. 北京：科学出版社，2001：1-23.

[3] O' Donnell，Kerry，et al.，Genealogical concordance between the mating type locus and seven other nuclear genes supports formal recognition of nine phylogenetically distinct species within the *Fusarium graminearum* clade [J]. Fungal Genetics and Biology，2004，41 (6)：600-623.

[4] Starkey，David E.，et al.，Global molecular surveillance reveals novel *Fusarium* head blight species and trichothecene toxin diversity [J]. Fungal Genetics and Biology，2007，44 (11)：1191-1204.

[5] 肖晶晶，霍治国，李娜，等，小麦赤霉病气象环境成因研究进展 [J]. 自然灾学报，2011，20 (2)：146-152.

[6] Ben Hardin，Yeast debuts in tests on controlling wheat scab [J]. Agricultural Research，2001，49 (6)：20-21.

[7] Chen W P，Liu D J，et al.，Development of wheat scab symptoms is delayed in transgenic wheat plants that constitutively express a rice thaumatin-like protein gene [J]. Theoretical and Applied Genetics，1999，99 (5)：755-760.

[8] 霍治国，姚彩文，姜瑞中，等，我国小麦赤霉病最大熵值谱预报模式研究 [J]. 植物病理学报，1996，26 (2)：117-122.

[9] 姚彩文，赵圣菊，杨素钦，厄尔尼诺现象与小麦赤霉病流行初探 [J]. 中国植保，1988：60-63.

[10] 胡宗兵，徐传忠，王正东，等，2003 年小麦赤霉病特大流行原因浅析与防治措施 [J]. 安徽农业科学，2004，32 (1)：49-53.

[11] 赵华，陈明学，李光牛，等，2009年南漳县小麦赤霉病发生特点及原因分析 [J]. 湖北植保，2009 (4)：59.

[12] 袁淑杰，梁平，武文辉，等，冀、京、津产麦区小麦赤霉病菌源体形成期的气象要素演变特征与分析 [J]. 华北农学报，2007 (22)：220-224.

[13] Yang L, Van der Lee, Yang X, et al., *Fusarium* populations on Chinese barley show a dramatic gradient in mycotoxin profiles [J]. Phytopathology, 2008, 98 (6): 719-727.

[14] 秦建华，吴琳，新洋农场小麦赤霉病发生情况及综防措施 [J]. 大麦与谷类科学，2009 (1)：51-52.

[15] Tutelyan, Victor A., Deoxynivalenol in cereals in Russia [J]. Toxicology Letters, 2004, 153 (1): 173-179.

[16] Piesik D, Wenda-Piesik A, Weaver D, et al., Influence of *Fusarium* and wheat stem sawfly infestation on volatile compounds production by wheat plants [J]. Journal of Plant Protection Research, 2009, 49 (2): 167-174.

[17] 赵亚娟，赤霉病感染小麦品质特性的研究 [D]. 郑州：河南工业大学，2013.

[18] Rocha O, Ansari K, Doohan F M., Effects of trichothecene mycotoxins on eukaryotic cells: a review [J]. Food Additives and Contaminants, 2005, 22 (4): 369-378

[19] Awad W A, Bohm J, Razzazi-Fazeli E, et al., Effects of feeding deoxynivalenol contaminated wheat on growth performance, organ weights and histological parameters of the intestine of broiler chickens * [J]. Journal of Animal Physiology and Animal Nutrition, 2006, 90 (1-2): 32-37.

[20] Teieh A H., Epidemiology of wheat (Triticum aestivum L.) scab caused by Fmadum spp. [J]. Topics in Secondary Metabolism (Netherlands), 1989: 269-282.

[21] 马传春，王乃奇，小麦赤霉病发生特点及防治对策 [J]. 农技服务，2011，28（4）：464-566.

[22] Gilbert J，Tekauz A.，Recent developments in research on Fusarium head blight of wheat in Canada [J]. Canada Journal of Plant Pathology，2000（22）：1-8.

[23] Mcmullen M，Jones R，Gallenberg D.，Scab of wheat and barley：A Reemerging disease of devastating impact [J]. Plant Disease，1997，81（12）：1340-1348.

[24] 许昌桑，农业气象指标大全 [M]. 北京：气象出版社，2004：164.

[25] 徐崇浩，何险峰，刘富明，等，四川小麦赤霉病流行的气象条件及其时空分布规律和大气环流背景 [J]. 西南农业学报，1996，14（3）：18-21.

[26] 黄小红，四川省小麦赤霉病病菌的种群组成 [J]. 西南农业学报，2005，18（3）：281-285.

[27] 刘常青，臧俊岭，李明志，等，小麦赤霉病发生规律及防治 [J]. 河南气象，2006（2）：57.

[28] 李新有，张满良，宋世德，小麦赤霉病发病规律的统计分析及其预报 [J]. 陕西农业科学，1994（4）：39-41.

[29] 成尚廉，杨秀芹，江汉平原小麦赤霉病大流行的农业气象初探 [J]. 湖北气象，1995（4）：39-40.

[30] 骆园，六安市小麦赤霉病发生的气候规律分析及其防治对策 [J]. 安徽农业学报，2006，12（11）：157-161.

[31] 刘述英，1997 年小麦赤霉病流行分析与防治措施 [J]. 四川农业科技，1997（6）：16-18.

[32] Champeil A，Doré T，Fourbet J F，Fusarium head blight：epidemiological origin of the effects of cultural practiceson head blight attacks and the production of mycotoxins by Fusarium in wheat grains [J]. Plant Science，2004（166）：1389-1415.

[33] 全国小麦赤霉病研究协作组，我国小麦赤霉病穗部镰刀菌种类、分布

及致病性 [J]. 上海师范大学学报，1984 (3)：69-82.
[34] 项习君，小麦赤霉病的识别与防治 [J]. 安徽农业科学，2011，5 (28)：660-661.
[35] 刘大钧，小麦赤霉病育种一个世界性的难题——21 世纪小麦遗传育种展望 [M]. 北京：中国农业科技出版社，2001：4-12.
[36] 陆维忠，姚全保．中国小麦抗赤霉病育种的成就、问题与对策——21 世纪小麦遗传育种展望 [M]. 北京：中国农业出版社，2001：104-117.
[37] Bai G, Shaner G., Management and resistance in wheat and barley to Fusarium head blight [J]. Annual Review of Phytopathology, 2004, (42)：135-161.
[38] Yao J, Zhou M, Zhang X, et al., Molecular breeding for wheat Fusarium head blight resistance in China [J]. Cereal Research Communications, 2008 (36)：203-212.
[39] 姚金宝，陆维忠，中国小麦抗赤霉病育种研究进展 [J]. 江苏农业学报，2000，16 (4)：242-248.
[40] 范春燕，驻马店市小麦赤霉病发病因素及防治策略 [J]. 农业科技通讯，2011 (3)：161-162.
[41] 张洁，伊艳杰，王金水，等，小麦赤霉病的防治技术研究进展 [J]. 中国植保导刊，2014 (1)：24-28.
[42] 周明国，叶钟音，刘经芬，杀菌剂抗药性研究进展 [J]. 南京农业大学学报，1994，17 (3)：33-41.
[43] 史兴涛，丁汉东，五种杀菌剂对小麦赤霉病的防治效果试验 [J]. 湖北植保，2015 (02)：24-25.
[44] 段成鼎，任兰柱，王付彬，等，6 种不同杀菌剂对小麦赤霉病的防治效果及对小麦产量的影响 [J]. 安徽农业科学，2015，(04)：123-124.
[45] 郁东航，几种药剂防治小麦赤霉病药效试验简报 [J]. 上海农业科技，2015，(01)：123.

[46] 陈新友，不同药剂防治小麦赤霉病田间药效对比试验 [J]. 现代农业科技，2014，(21)：117-120.

[47] 王丽芳，王越，陈雨，等，不同药剂防治小麦赤霉病的效果研究 [J]. 安徽农业科学，2014，(27)：9342-9343.

[48] 陆小成，杨玲军，不同药剂防治小麦赤霉病药效试验研究 [J]. 现代农村科技，2014，(14)：52-53.

[49] 胡元森，朱明杰，宇光海，等，一株禾谷镰刀菌拮抗菌株的筛选及鉴定 [J]. 南方农业学报，2013，(02)：234-239.

[50] 刘伟成，潘洪玉，席景会，等，小麦赤霉病拮抗性芽孢杆菌生防作用的研究 [J]. 麦类作物学报，2005，(04)：95-100.

[51] Chan Y K，McCormick W A，Seifert K A.，Characterization of an antifungal soil bacterium and its antagonistic activities against Fusarium species [J]. Canadian Journal of Microbiology，2003，49 (4)：253-262.

[52] Palazzini J M，Ramirez M L，Torres A M，et al.，Potential biocontrol agents for Fusarium head blight and deoxynivalenol production in wheat [J]. Crop Protection，2007，26 (11)：1702-1710.

[53] He J，Boland G J，Zhou T.，Concurrent selection for microbial suppression of Fusarium graminearum，Fusarium head blight and deoxynivalenol in wheat [J]. Journal of Applied Microbiology，2009，106 (6)：1805-1817.

[54] 郭兴华，益生菌基础与应用 [M]. 北京：科学技术出版社，2002.

[55] 杨佐忠，枯草杆菌拮抗体在植物病害生物防治中的应用 [J]. 四川林业科技，2001 (9)：41-43.

[56] 张学君，朱桂宁，缪卫国，等，5 株芽孢杆菌对棉花病害的防治效果及其对棉苗生长的影响 [J]. 棉花学报，1994，6 (1)：61-64.

[57] 程亮，游春平，肖爱萍，拮抗细菌的研究进展 [J]. 江西农业大学学报，2003，25 (5)：732-737.

[58] Obagwu J，Korsten L.，Integrated control of citrus and blue molds u-

sing Bacillus subtilis in combination, with sodium bicarbonate or hot water [J]. Postharvest B iology and Technology, 2003 (281): 87-194.

[59] E lizab eth AB, Emm ertH J., Biocontrol of plant disease: a (Gram-) positive perspective. FEMS Microbiol letters, 1999 (171): 1-9.

[60] 余桂容，张敏，叶华智，小麦赤霉病的生物防治研究Ⅰ. 拮抗芽孢杆菌的分离、筛选、鉴定和防病效果 [J]. 四川农业大学学报，1998，16 (3): 314-318.

[61] 王德培，孟慧，管叙龙，等，解淀粉芽孢杆菌 BI-2 的鉴定及其对黄曲霉的抑制作用 [J]. 天津科技大学学报，2010，25 (6): 5-9.

[62] 杨胜远，韦锦，李云，等，一株产抗菌活性物质解淀粉芽孢杆菌的筛选及鉴定 [J]. 食品科学，2010，31 (21): 208-212.

[63] 朱晓飞，张晓霞，牛永春，等，一株抗水稻纹枯病菌的解淀粉芽孢杆菌分离与鉴定 [J]. 微生物学报，2011，51 (8): 1128-1133.

[64] 陈成，崔堂兵，于平儒，一株抗真菌的解淀粉芽孢杆菌的鉴定及其抗菌性研究 [J]. 现代食品科技，2011，27 (1): 36-39.

[65] 蔺国强，廖玉才，宫安东，等，禾谷镰刀菌拮抗菌的筛选与鉴定 [J]. 华中农业大学学报，2013，32 (3): 28-32.

[66] 罗远婵，张道敬，魏鸿刚，等，多黏类芽孢杆菌农用活性研究进展 [C]. 第四届中国植物细菌病害学术研讨会论文集，杭州，2008.

[67] Beatty PH, Suan EJ., Paenibacillus polymyxa produces fusari-cidin-type antifungal antibiotics active against Leptosphaeria macu-lans, the causative agent of blackleg disease of canola [J]. Canadian Journal of Microbiology, 2002, 48: 159-169.

[68] Jeon YH, Chang SP, Hwang IG, et al., Involvements of growth-promoting rhizobacterium Paenibacillus polymyxa in root rot of stored Korean ginseng [J]. Journal of Microbiology and Biotechnology, 2003 (13): 881-891.

[69] 童蕴慧，郭桂萍，徐敬友，等，拮抗细菌对番茄植株抗灰霉病的诱导

[J]. 中国生物防治，2004 (20)：187-189.

[70] 赵德立，曾林子，李晖，等，多黏类芽孢杆菌 JW-725 抗菌活性物质及其发酵条件的初步研究 [J]. 植物保护，2006 (32)：47-50.

[71] Khan Z, Kim SG, Jeon YH, et al., A plant growth promoting rhizobac-terium, Paenibacillus polymyxa strain GBR-1, suppresses root-knot nematode [J]. Bioresource Technology, 2008 (99): 3016-3023.

[72] Choi SK, Park SY, Kim R, et al., Identification and functional analysis of the fusaricidin biosynthetic gene of Paenibacillus polymyxa E681 [J]. Biochemical and Biophysical Research Communications, 2008 (365): 89-95.

[73] Wang Z W, Liu X L., Medium optimization for antifungal active substances production from a newly isolated Paenibacillus sp using response surface methodology [J]. Bioresource Technology, 2008, 99 (17): 8245-8251.

[74] 杨慧勇，李飞凤，陆琼娴，等，拮抗菌株 AFR0 406 对小麦赤霉病菌和纹枯病菌的生物活性测定 [J]. 江苏农业科学，2006 (6)：142-144.

[75] 刘训理，孙长坡，马迎飞，等，一株家蚕病原物拮抗细菌的分离与鉴定 [J]. 蚕业科学，2004，30 (3)：273-276.

[76] 武明俊，金丹，李晖，等，抗真菌菌株 JW-725 的分离、鉴定及发酵产物性质的初步分析 [J]. 四川大学学报，2003，40 (5)：945-948.

[77] 王笑颖，孟成生，雷白时，大丽轮枝菌拮抗细菌多黏芽孢杆菌 7-4 菌株的筛选与鉴定 [J]. 湖北农业科学，2011，50 (9)：1797-1799，1825.

[78] 南娟，丁燕，孙丹，表观遗传学如何诠释人肿瘤转移 MicroRNA 的新作用 [J]. 中国肺癌杂志，2009，12 (8)：907-914.

[79] 李爱荣，安德荣，两株生防荧光假单胞杆菌的室内筛选试验 [J]. 微生物学杂志，2003，23 (4)：11-13.

[80] Khan M R, Fischer S, Egan D, et al., Biological control of Fusarium

seedling blight disease of wheat and barley [J]. Biological Control, 2006, 96 (4): 386-394.

[81] Khan M R, Doohan F M., Bacterium-mediated control of Fusarium head blight disease of wheat and barley and associated mycotoxin contamination of grain [J]. Biological Control, 2009, 48 (1): 42-47.

[82] 李德舜，宗雪梅，张长铠，等，一株高产抗菌活性物质链霉素的初步分类鉴定 [J]. 山东大学学报：理学版，2006，41 (2)：144-148.

[83] 李兆阳，木霉菌对蓖麻枯萎病菌作用机制的研究 [D]. 长春：吉林大学，2007.

[84] 徐同，木霉分子生物学研究进展 [J]. 真菌学报，1996，15 (2)：143-148.

[85] Dal Bellol G M, Mo naco C I, Simon M R., Biological control of seedling seedling blight of wheat caused by Fusarium graminearum with beneficial rhizosphere microorganisms World [J]. Journal of Microbiology and Biotechnology, 2002 (18): 627-636.

[86] 张丽，孙书娥，利用微生物防治植物病害研究进展 [J]. 农药研究与应用，2010，14 (6)：10-14.

[87] Khan N I, Schisler D A, Boehm M J, et al., Selection and evaluation of microorganisms for biocontrol of Fusarium head blight of wheat incited by Gibberella zeae [J]. Plant Disease, 2001, 85 (12): 1253-1258.

[88] 孙琛琛，茄子根际拮抗细菌的筛选鉴定及培养条件研究 [D]. 哈尔滨：黑龙江大学，2008.

[89] Avitha K, Mathiyazhagan S, Sendhilvel V, et al., Broad spectrum action of phenazine against active and dormant structures of fungal pathogens and root knot nematode [J]. Archives of Phytopathology and Plant Protection, 2005, 38 (1): 69-76.

[90] Selin C, Habibian R, Poritsanos N, et al., Phenazines are not essential for Pseudomonas chlororaphis PA23 biocontrol of Sclerotinia sclero-

tiorum, but do play a role in biofilm formation [J]. FEMS Microbiology Ecology: 2010, 71 (1): 73-83.

[91] Kilani Feki O, Khiari O, Culioli G, et al., Antifungal activities of an endophytic Pseudomonas fluorescens strain Pf1TZ harbouring genes from pyoluteorin and phenazine clusters [J]. Biotechnology Letter, 2010, 32 (9): 1279-1285.

[92] 林玲，乔勇升，顾本康，等，植物内生细菌及其生物防治植物病害的研究进展 [J]. 江苏农业学报，2008，24 (6)：969-974.

[93] Rajesh R, Shen B, Yu C, et al., Molecular and biochemical detectionof fengycin-and bacillomycin D-producting Bacillus spp. antagonisticto fungal pathogens of canola and wheat [J]. Canadian Journal of Microbiology, 2007, 53 (7): 901-911.

[94] Calvanese V, LaraE, KahnA, et al., The role ofepigenetics in aging and age-related diseases [J]. Ageing Research Reviews, 2009, 8 (4): 268-276.

[95] 叶华智，余桂容，严吉明，等，小麦赤霉病的生物防治研究Ⅲ. 拮抗芽孢杆菌 B4、B6 菌株的防病机制 [J]. 四川农业大学学报，2003，21 (1)：18-22.

[96] 裴韬，任大明，石皎，小麦赤霉病拮抗菌 P72 抗菌物质的分离纯化和性质研究 [J]. 安徽农业科学，2009，37 (6)：2576-2577，2597.

[97] 徐剑宏，王建伟，胡晓丹，等，小麦赤霉病菌拮抗菌 AF0907 的分离鉴定及其拮抗特性 [J]. 江苏农业学报，2013，29 (3)：517-522.

[98] 陈红，李平，郑爱萍，等，抑制多种植物病原菌的几丁质酶产生菌 X2-23 的鉴定 [J]. 四川大学学报：自然科学版，2003，33 (4)：368-372.

[99] 郑秀丽，郑爱萍，王艺，等，一种新的几丁质酶产生菌 F2 的筛选与鉴定初报 [J]. 中国农学通报，2006，22 (7)：431-433.

[100] Parke J L, Gurian-Scherman D., Annual Review of Phytopathology [J]. 2001 (39): 225-2581.

[101] Kloepper J W, Leong J, Teinze M, et al., Pseudomonas siderophores: A mechanism explaining disease-suppressive soil [J]. Current Microbiology, 1980 (4): 317-320.

[102] Segarra G, Casanova E, Avilés M, et al., Trichoderma asperellum strain T34 controls Fusarium wilt disease in tomato plants in soilless culture through competition for Iron [J]. Microbiology Ecology, 2010 (59): 141-149.

[103] Compant S, Duffy B, Nowak J, et al., Use of plant growth promoting bacteria for biocontrol of plant diseases: Principles, mechanisms of action, and future prospects [J]. Applied and Environmental Microbiology, 2005, 71 (9): 4951-4959.

[104] Yu C M, Farag M A, Hu C H, et al., Bacterial volatiles promote growth in Arabidopsis [J]. Proceedings of the National Academy of Sciences of the United States of America, 2003, 100 (14): 4927-4932.

[105] Ochum C C, Osborne L E, Yuen G Y., Fusarium head blight biological control with Lysobacter enzymogenes strain C3 [J]. Biological Control, 2006, 39 (3): 336-344.

[106] 陈中义，张杰，黄大昉，植物病害生防芽孢杆菌抗菌机制与遗传改良研究 [J]. 植物病理学报，2008，38 (2)：192-198.

[107] 仇艳肖，黄瓜灰霉病高效拮抗菌的筛选鉴定及其作用研究 [D]. 河北师范大学，2012.

[108] 高克祥，刘晓光，郭润芳，等，木霉菌对五种植物病原菌的重寄生作用 [J]. 山东农业大学学报：自然科学版，2002，33 (1)：37-42.

[109] 田连生，王伟华，石万龙，等，利用木霉防治大棚草莓灰霉病 [J]. 植物保护，2000，26 (2)：47-48.

[110] 李超，吴为中，吴伟龙，等，解淀粉芽孢杆菌对鱼腥藻的抑藻效果分析与机理探讨 [J]. 环境科学学报：2011，31 (8)：1602-1608.

[111] Gong A D, Li H P, Yuan Q S, et al., Antagonistic mechanism of

iturin A and plipastatin A from Bacillus amyloliquefaciens S76-3 from wheat spikes against Fusarium graminearum [J]. Plos one，2015，10 (2)：e0 116 871.

[112] Yang H，Li X，Li x，et al.，Identification of lipopeptide isoforms by MALDI-TOF-MS/MS based on the simultaneous purification of iturin，fengycin，and surfactin by RP-HPLC [J]. Analytical & Bioanalytical Chemistry，2015，407 (9)：2529-2542.

[113] Tsuge K，Akayama T，Shoda M. Cloning，sequencing and characterization of the iturin a operon [J]. Journal of Bacteriology，2001，183 (21)：6265-6273.

[114] Ongena M，Jacques P.，*Bacillus* lipopeptides：versatile weapons for plant disease biocontrol [J]. Trends in Microbiology，2008，16 (3)：115-125.

[115] Fickers P，Guez J S，Damblon C，et al.，High-level biosynthesis of the anteiso-C17 isoform of the antibiotic mycosubtilin in *bacillus subtilis* and characterization of its candidacidal activity [J]. Applied and Environmental Microbiology，2009，75 (13)：4363-4640.

[116] Zhao P C，Quan C S，Wang Y G，et al.，*Bacillus amyloliquefaciens* Q-426 as a potential biocontrol agent against *Fusarium oxysporum* f. sp. Spinaciae [J]. Journal of Basic Microbiology，2014，54 (5)：448-456.

[117] Zhao Y J，Selvaraj J N，Xing F G，et al.，Antagonistic Action of *Bacillus subtilis* Strain SG6 on *Fusarium graminearum* [J]. Plos one，2014，9 (3)：e92486.

[118] 马冠华，周常勇，肖崇刚，等，烟草内生菌 Itb57 的鉴定及其对烟草黑胫病的防治效果 [J]. 植物保护学报，2010，37 (4)：148-152.

[119] 王启军，陈守文，喻子牛，枯草芽孢杆菌 B6-1 产拮抗物质性质的研究 [J]. 孝感学院学报，2008，5 (3)：82-84.

[120] 纪莉景，王树桐，胡同乐，等，多菌灵、好力克及其复配对小麦赤

霉病的防治效果 [J]. 植物保护科学，2007，23 (3)：352-355.

[121] 贺凤，许德麟，张其中，水霉拮抗菌的筛选及其拮抗活性物质稳定性初步研究 [J]. 微生物学通报，2015，42 (6)：1067-1074.

[122] Christopher A，Dunlap，Michael J，Bowman，David A，et al.，Genomic analysis and secondary metabolite production in *Bacillus amyloliquefaciens* AS43. 3：A biocontrol antagonist of *Fusarium* head blight [J]. Biological Control，2013，64 (2)：166-175.

[123] Zeriouh H，Romero D，García-Gutiérrez L，et al.，The iturin-like lipopeptides are essential components in the biological control arsenal of *Bacillus subtilis* against bacterial diseases of cucurbits [J]. Molecular Plant-Microbe Interactions，2011，24 (12)：1540-1552.

[124] 张雨良，张智俊，杨峰山，等，新疆盐生植物车前 PmNHX1 基因的克隆及生物信息学分析 [J]. 中国生物工程：2009，29 (1)：27-33.

[125] Laemmli UK.，Ceavage of structural proteins during the assembly of the head of bacteriaophage T4 [J]. Nature，1970 (227)：680-685.

附　　件

附件1　7F1 16S rDNA基因序列

GAGTTTGATCCTGGCTCAGGACGAACGCTGGCGG
CGTGCCTAATACATGCAAGTCGAGCGGGTTGTTTA
GAAGCTTGCTTCTAAACAACCTAGCGGCGGACGGGTG
AGTAACACGTAGGCAACCTGCCCACAAGACAGGGAT
AACTACCGGAAACGGTAGCTAATACCCGATACATCCT
TTTCCTGCATGGGAGAAGGAGGAAAGACGGAGCAAT
CTGTCACTTGTGGATGGGCCTGCGGCGCATTAGCTAG
TTGGTGGGGTAAAGGCCTACCAAGGCGACGATGCGT
AGCCGACCTGAGAGGGTGATCGGCCACACTGGGACTG
AGACACGGCCCAGACTCCTACGGGAGGCAGCAGTAGG
GAATCTTCCGCAATGGGCGAAAGCCTGACGGAGCAA
CGCCGCGTGGGTGATGAAGGTTTTCGGATCGTAAAG
CTCTGTTGCCAGGGAAGAACGTCTTGTAGAGTAACT
GCTACAAGAGTGACGGTACCTGAGAAGAAAGCCCCG
GCTAACTACGTGCCAGCAGCCGCGGTAATACGTAGGG
GGCAAGCGTTGTCCGGAATTATTGGGCGTAAAGCGC
GCGCAGGCGGCTCTTTAAGTCTGGTGTTTAATCCCGA
GGCTCAACTTCGGGTCGCACTGGAAACTGGGGAGCTT
GAGTGCAGAAGAGGAGAGTGGAATTCCACGTGTAGC

GGTGAAATGCGTAGAGATGTGGAGGAACACCAGTGG
CGAAGGCGACTCTCTGGGCTGTAACTGACGCTGAGGC
GCGAAAGCGTGGGGAGCAAACAGGATTAGATACCCT
GGTAGTCCACGCCGTAAACGATGAATGCTAGGTGTT
AGGGGTTTCGATACCCTTGGTGCCGGAGTTAACACAT
TAAGCATTCCGCCTGGGGAGTACGGTCGCAAGACTGA
AACTCAAAGGAATTGACGGGGACCCGCACAAGCAGT
GGAGTATGTGGTTTAATTCGAAGCAACGCGAAGAAC
CTTACCAGGTCTTGACATCCCTCTGACCGGTCTAGAG
ATAGGCCTTTCCTTCGGGACAGAGGAGACAGGTGGT
GCATGGTTGTCGTCAGCTCGTGTCGTGAGATGTTGG
GTTAAGTCCCGCAACGAGCGCAACCCTTATGCTTAGT
TGCCAGCAGGTCAAGCTGGGCACTCTAAGCAGACTGC
CGGTGACAAACCGGAGGAAGGTGGGGATGACGTCAA
ATCATCATGCCCCTTATGACCTGGGCTACACACGTAC
TACAATGGCCGGTACAACGGGAAGCGAAGCCGCGAG
GTGGAGCCAATCCTAGAAAAGCCGGTCTCAGTTCGGA
TTGTAGGCTGCAACTCGCCTACATGAAGTCGGAATT
GCTAGTAATCGCGGATCAGCATGCCGCGGTGAATACG
TTCCCGGGTCTTGTACACACCGCCCGTCACACCACGA
GAGTTTACAACACCCGAAGTCGGTGAGGTAACCGCA
AGGGGCCAGCCGCCGAAGGTGGGGTAGATGATTGGG
GTGAAGTCGTAACAAGGTAACC

附件 2　7M1 16S rDNA 基因序列

GCGCAGGGCTAGCAGCTATACATGCAGTCGAGCG

GACAGATGGGAGCTTGCTCCCTGATGTTAGCGGCGGA
CGGGTGAGTAACACGTGGGTAACCTGCCTGTAAGAC
TGGGATAACTCCGGGAAACCGGGGCTAATACCGGAT
GGTTGTTTGAACCGCATGGTTCAGACATAAAAGGTG
GCTTCGGCTACCACTTACAGATGGACCCGCGGCGCAT
TAGCTAGTTGGTGAGGTAACGGCTCACCAAGGCGAC
GATGCGTAGCCGACCTGAGAGGGTGATCGGCCACACT
GGGACTGAGACACGGCCCAGACTCCTACGGGAGGCAG
CAGTAGGGAATCTTCCGCAATGGACGAAAGTCTGAC
GGAGCAACGCCGCGTGAGTGATGAAGGTTTTCGGAT
CGTAAAGCTCTGTTGTTAGGGAAGAACAAGTGCCGT
TCAAATAGGGCGGCACCTTGACGGTACCTAACCAGAA
AGCCACGGCTAACTACGTGCCAGCAGCCGCGGTAATA
CGTAGGTGGCAAGCGTTGTCCGGAATTATTGGGCGT
AAAGGGCTCGCAGGCGGTTTCTTAAGTCTGATGTGA
AAGCCCCCGGCTCAACCGGGGAGGGTCATTGGAAACT
GGGGAACTTGAGTGCAGAAGAGGAGAGTGGAATTCC
ACGTGTAGCGGTGAAATGCGTAGAGATGTGGAGGAA
CACCAGTGGCGAAGGCGACTCTCTGGTCTGTAACTGA
CGCTGAGGAGCGAAAGCGTGGGGAGCGAACAGGATT
AGATACCCTGGTAGTCCACGCCGTAAACGATGAGTGC
TAAGTGTTAGGGGGTTTCCGCCCCTTAGTGCTGCAG
CTAACGCATTAAGCACTCCGCCTGGGGAGTACGGTCG
CAAGACTGAAACTCAAAGGAATTTGACGGGGGCCCG
CACAAGCGGTGGAGCATGTGGTTTAATTCGAAGCAA
CGCGAAGAACCTTACCAGGTCTTGACATCCTCTGACA

ATCCTAGAGATAGGACGTCCCCTTCGGGGGCAGAGTG
ACAGGTGTTGCATGGTTGTCGTCAGCTCGTGTCGTGA
GATGTTTGGGTTAAGTTCCCGCAACGAGCGCAACCCG
TTGATCTTAGTTGCAGCATTCAGTTGGTCACTTCTAA
TGTGACTGCGTGACAACCGGAGGAAGGTGGGGATGA
CGTCAAATCATCATGCCCCTTATGACCTGGGCTACAC
ACGTGCTACAATGGACAGAACAAAGGGCAGCGAAAC
CGCGAGGTTAAGCCAATCCCACAAATCTGTTCTCAGT
TCGGATCGCAGTCTGCAACTCGACTGCGTGAAGCTGG
AATCGCTAGTAATCGCGGATCAGCATGCCGCGGTGAA
TACGTTCCCGGGCCTTGTACACACCGCCCGTCACACC
ACGAGAGTTTGTAACACCCGAAGTCGGTGAGGTAAT
CTCTATGGAGCCAGCCGCCGATAGAGTAATGCTGG

附件3 36ku 基因序列

GGGCATCAGTCGTGCCAGCTTGCATGCCTGCAGG
TCGACGATTATGTTGAAAGCATGGAAAAAATCAGTA
CAGGGTAAATTCGCCCGAACAGCATTTGCTGCCGTAA
CTTCGGCTGCTTTGTTGCTGTCCGTGGTGCCGTCCAC
ATCGGCCGAGCATTGGGCGTTAACAGGCGATGTGGCA
GTACATGATCCGTCCATCACCAAGGAAGGCAATGCAT
GGTATATTTTCTCCACAGGGCAGGGGATACAGGTTC
AAAGATCGGATGACGGACGCAATTTTACAGATTGC
CGCAAATCTTCTTGTCGCCACCATCTTGGTGGAAATC
GTATGTACCTAAGCAAAAGACTAATGATGTATGGGC
ACCGGATGCTCAAAAGTACAATGGACGTGTCTGGGT

TTACTATTCCATTTCTACGTTTGGATCGCGCACTTCG
GCCATTGGCTTAACTTCAGCAACGAGCATCGGCGCGG
GAAGCTGGAGAGATGATGGACTAGTGCTGCGTACGA
CGGATTCTGACGATTATAATGCTATTGACCCGAATC
TTGTTATTGATGCTTCCGGTAACCCGTGGCTTTCCTT
CGGTTCATGGAATTCAGGCTTGAAAGTGACTCGACT
AGATAAGAATACGATGAAGCCTACGGGCCAGATTTA
TTCTATTGCTAGACGTACGGCTGGTGGTTTGGAAGC
ACCGCATGTTACATACCGCAATGGCTATTATTATCTG
TTTGCTTCCATTGATAACTGCTGCAAAGGCGTAGACA
GTAATTACAAAATCATTTATGGTCGCTCGACCAGTA
TCACTGGGCCGTATGTGGACAAGAGCGGAAAAAGTC
TGATGGACGGCGGTGGAACGATATTGGATGCGGGGA
ATGACCGCTGGAAGGGACCAGGCGGACAATCTGTCTA
TAACAACAGTGTGATTGCGCGTCATGCCTATGATGC
CACTGATGGCGGAAATCCAAAGCTTCTGATTAGTGA
TTTGAAATGGGATTCGGCAGGTTGGCCTACGTATTA
AAATCTCTAGAGGATCCCCGGGTACCGAGCTCGAATT
CGTAATCAGTTCAAATTGCCC

图书在版编目（CIP）数据

对禾谷镰刀菌具有抑制作用活性物质鉴定和功能验证 / 冉军舰，史建荣，徐剑宏著．—北京：中国农业出版社，2018.9

ISBN 978-7-109-24674-4

Ⅰ．①对…　Ⅱ．①冉…　②史…　③徐…　Ⅲ．①禾谷类作物－镰刀菌毒素－生物活性　Ⅳ．①Q936

中国版本图书馆 CIP 数据核字（2018）第 223709 号

中国农业出版社出版
（北京市朝阳区麦子店街 18 号楼）
（邮政编码 100125）
责任编辑　王玉英

北京印刷一厂印刷　　新华书店北京发行所发行
2018 年 9 月第 1 版　　2018 年 9 月北京第 1 次印刷

开本：850mm×1168mm　1/32　　印张：4
字数：120 千字
定价：30.00 元